明治大学社会科学研究所叢書

中国の食糧流通システム

池上 彰英 著

御茶の水書房

中国の食糧流通システム

目　次

目　次

第1章　課題と方法……………………………………………　3

第2章　「改革開放」後の食糧需給動向 ………………………　11
　　第1節　食糧生産動向　11
　　第2節　食糧需給と在庫動向　19
　　第3節　地域別の生産動向　26

第3章　統一買付制度の廃止と契約買付制度の導入
　　　　　（1978〜1985年）…………………………………　33
　　第1節　統一買付統一販売制度の展開と問題　33
　　　　1.　統一買付統一販売制度の内容　33
　　　　2.　11期3中全会後の統一買付統一販売制度の展開と問題　34
　　　　3.　統一買付制度の改革を必然化した要因　40
　　第2節　契約買付制度の導入
　　　　　　　──1985年の食糧流通・価格改革──　43
　　　　1.　農産物の流通・価格改革の概要　43
　　　　2.　契約買付制度の内容（1）──買付契約の締結方法──　44
　　　　3.　契約買付制度の内容（2）
　　　　　　　──契約買付の対象品目と契約数量──　46
　　　　4.　契約買付制度の内容（3）──契約買付の価格水準──　48
　　　　5.　統一販売（計画配給）制度の堅持　52
　　　　6.　まとめ　53
　　第3節　契約買付制度の実施状況
　　　　　　　──1985年の食糧流通・価格問題──　54
　　　　1.　買付契約の締結および履行状況　54
　　　　2.　契約買付政策の評価　58

目　次

第 4 章　複線型流通システムの成立とその改革
　　　　　（1986～1993年） ……………………………………… 63

　　第 1 節　契約買付の義務供出化と複線型流通システムの成立　63

　　第 2 節　食糧過剰期における複線型流通システム　68

　　第 3 節　直接統制から間接統制への転換　73
　　　　1．特別備蓄制度と卸売市場制度の成立　73
　　　　2．直接統制撤廃の試み　75
　　　　3．統一買付価格（配給価格）の引き上げ　76

　　第 4 節　1992～1993年の市場化改革　78

第 5 章　主産地における食糧流通改革の動向と問題 ………… 83

　　第 1 節　天長県の食糧概況　83

　　第 2 節　国営食糧企業の経営悪化　86

　　第 3 節　流通自由化後の国営食糧企業の経営　93

　　第 4 節　食糧流通ルートの多様化　98

　　第 5 節　展望　100

第 6 章　保護価格買付と1998年「改革」
　　　　　（1993～2000年） ………………………………………103

　　第 1 節　1993年の食糧市場価格高騰と複線型流通システムへの回帰　103
　　　　1．1993年の食糧市場価格高騰　103
　　　　2．食糧流通政策の見直し　106

　　第 2 節　保護価格買付の本格化　110

　　第 3 節　1998年の「食糧流通体制改革」の失敗　115
　　　　1．概況　115
　　　　2．1998年の「食糧流通体制改革」の内容　118
　　　　3．改革構想の理論的な問題点　124
　　　　4．政策実施上の問題点　127

第4節　保護価格買付の縮減　131
　　　第5節　食糧流通システムとしての評価　138
　　　　1. 消費者保護から生産者保護への転換　138
　　　　2. 市場化改革の不可逆性　141
　　　　3. 間接統制システムの未成熟　142

第7章　間接統制システムの完成と農業保護の強化（2001〜2011年）……………………………………145

　　　第1節　保護価格買付から直接支払いへ　145
　　　第2節　食糧備蓄制度の完成とその運用　153
　　　第3節　食糧買付の自由化と最低買付価格制度の導入　159
　　　　1. 主要消費地における食糧買付の自由化　159
　　　　2. 主産地における食糧買付の自由化と最低買付価格制度の導入　162
　　　第4節　価格安定政策から価格支持政策へ　166
　　　第5節　国有食糧企業と民間食糧企業の棲み分け　182

第8章　まとめと今後の展望………………………………191

あとがき………………………………………………………199
参考文献………………………………………………………203
索　引（事項・図表）………………………………………213

中国の食糧流通システム

第1章

課題と方法

　1978年に開始された中国の農村改革は、各戸請負制（「家庭承包制」）の導入と集団農業システムの解体という農業経営分野の「分権化改革」から始まり、1980年代半ば以降、農産物や農業生産財の流通統制を緩和・撤廃して、市場流通システムを導入する「市場化改革」に改革の重点が移った。分権化改革が比較的順調に進展したのに対して、市場化改革の推進には困難がともなった。とくに、食糧流通は1985年以来何度も自由化ないし統制緩和を試みながら、そのたびに価格の暴騰や市場の混乱を招き、統制的な流通システムに逆戻りするという試行錯誤を繰り返した。農家の食糧販売（農家からの食糧買付）が全国的に自由化されるのは、ようやく2004年のことである。もっとも、2004年に農家の食糧販売を自由化すると同時に、政府による最低買付価格制度を導入しているので、食糧の生産者価格は現在でも完全に自由放任というわけではない。

　本研究の課題は、「改革開放」政策が開始された1978年から、現在に至る30年余りの期間における中国の食糧流通システムの展開を、とくに1985年、1992～93年、2001～04年に実施された買付自由化改革、および1998年における直接統制への逆行の試みに注目して、分析することにある。なお、本研究における食糧は、中国語の「糧食」の和訳である。中国における「糧食」概念は、穀物のほかに豆類およびイモ類（サツマイモとジャガイモのみ）を含むが、数量的には大部分が穀物である。また、中国政府が食糧流通管理政策の対象とする品目は、「改革開放」後のほとんどの時期において、米、小麦、トウモロコシと

主産地の大豆のみである。本書では、主に米、小麦、トウモロコシを対象として研究を進める。

　中国の経済改革は、大雑把にいえば統制経済から市場経済への転換であり、「改革開放」後の食糧流通システムの改革も、基本的には統制流通システムから市場流通システムへの転換の過程と整理することができる。しかしながら、実際の食糧流通システムの展開には、そのほかにも多くの社会経済的要因が関係しており、単に市場流通システムへの転換というにはあまりに複雑である。本研究では、「改革開放」後の各時期における食糧流通システムの展開を規定する主要な要因として、統制経済から市場経済への移行という経済改革全体の動き（一つ目の要因）を含む三つを想定している。
　主要な要因の二つ目は、「改革開放」後の急速な経済発展にともない、農業政策の基調が徐々に消費者保護から生産者保護（農業搾取から農業保護）に移行したことである。主要な要因の三つ目は、不足や過剰といったその時々の食糧需給バランスである。第一と第二の点が、食糧流通システムの展開に対する長期的な規定要因であるのに対して、第三の点はどちらかといえば短期的な規定要因である。「改革開放」後の食糧流通システムが、大きな流れとしては市場化および1990年代後半以降はそれに加えて生産者保護の方向に進んでいるようにみえながら、しばしば政策の揺り戻しやシステムの揺らぎがみられるのは、第三の要因が関係していると考えられる。次に、以上の三つの規定要因の各々について、もう少し詳しくみてみたい。

　まず、大きな一つ目の規定要因に関連して、二つの点を指摘できる。第一に、「改革開放」前の食糧流通システムは、公定価格による強制供出制度と配給制度が結合した直接統制システムであったが、2004年までに農家の自由販売と市場における価格形成を前提とする流通システムに転換した。その意味で、「改革開放」後の食糧流通システムの展開を、直接統制から市場流通への転換過程ととらえることは誤りではない。
　しかしながら、第二に、市場システムを前提とする現在の食糧流通システム

は、食糧需給および食糧価格形成を自由放任しているわけではない。市場価格が最低買付価格（最低支持価格）より低下したときには、政府が最低買付価格による買付を行うことで生産者価格を下支えするとともに、消費者価格が高騰したときには、政府在庫の放出によって価格を下げるという、政府による市場介入のメカニズムを有している。これは、流通システムとしては典型的な間接統制システムといえる[1]。すなわち、「改革開放」後の食糧流通システムの展開には、直接統制から間接統制への転換という側面もある。

　食糧とくに米と小麦は主食であり、ほかの農産物に比べて強く需給および価格の安定を求められる。他方、食糧需要の価格弾力性は小さいから、需給調整をすべて市場に委ねると供給変動にともなう価格変動が大きくなることは避けられない。そのため、多くの国において食糧需給および食糧価格に対する政府介入が行われており、中国もその例外ではない。「改革開放」前の中国は、それを直接統制によって行っており、現在の中国は間接統制によって行っているわけである。間接統制が機能するためには、市場制度の存在が前提となり、そのうえで政府が緩衝在庫（備蓄）制度を設立し、それを的確に運営しなければならない。そのためには、市場の一定の発展と、緩衝在庫を運営するための巨額な財政資金が必要となる。「改革開放」後の食糧流通制度改革が長い時間を要したのは、「改革開放」開始時点において、間接統制の前提となる市場が未発達であったこと、および中央政府の財政力が非常に小さかったことが関係していると考えられる。

　次に、大きな二つ目の規定要因に関連して、三つの点を指摘できる。まず、第一に、改革開放前の中国は、重工業化の推進を第一義とする経済政策をとっており、賃金財である食糧の価格は低く抑えられた。しかしながら、1980年代半ば以降、急激な工業化が進み、都市と農村の所得格差が急速に拡大すると、1990年代半ば頃から徐々に、農業政策の基調は生産者保護に転換した[2]。政府

---

1) 佐伯［1987: 5］は、「理論的には市場原理を全面的に否定するのが直接統制、なんらかの程度・形態においてこれを利用するのが間接統制と考えるべきである」としている。本研究における直接統制、間接統制という用語法も佐伯のそれにしたがった。

の食糧買付価格（1990年代は契約買付価格、2000年代は最低買付価格）は、1990年代半ば頃と2008年以降に大きく引き上げられた。

　第二に、農業保護の手法にも大きな変化がみられる。1990年代後半には価格支持が行われ、2004年以降は農家への直接支払いが導入されるが、2008年以降直接支払いに加えて価格支持も再び重要性を増している。以上のような、農業政策の基調の変化と農業保護政策手法の変化は、食糧流通システムの展開に大きく影響する。

　第三に、農業保護政策の実施には莫大な財政資金が必要である。高度経済成長と税制の整備が国家の財政収入を持続的に増大させたこと、ならびに1994年の「分税制」の導入が国家財政収入に占める中央財政の割合を大幅に増大させたことが、中国共産党第16回大会（2002年）以降における農業保護の本格化を可能にしたと考えられる。

　大きな三つ目の規定要因すなわち食糧需給バランスについては、もちろん農家の自給部分を含む中国全体としての食糧需要と供給の関係が重要であることはいうまでもないが、食糧流通との関係では、とくに都市住民等の購買需要すなわち商品食糧需要の動向に注意する必要がある。「改革開放」後の経済発展の過程は、同時に農村から都市への人口移動の過程であるから[3]、商品食糧需要は人口増加率をはるかに上まわるスピードで増大する。市場が未発達な状況における商品食糧需要の急増は、食糧流通システムに大きな負担を与える。

　もう一つ指摘しておくべきなのは、国全体の食糧需給バランスだけでなく、地域的な食糧需給バランスにも注意する必要があるということである。この点に関連して、中国の工業化を先導したのが東南沿海地区であり、この地区に属する江蘇省、浙江省、広東省などが伝統的な稲作主産地であったことに十分な注意を払うべきである。これら東南沿海諸省の主食はいうまでもなく米である

2）詳しくは、池上［2009b］参照。同論文では、1990年代後半を農業保護の端緒期、中国共産党第16回大会（2002年）以降を農業保護の本格期と位置づけている。

3）「改革開放」後の中国における農村から都市への人口移動について、詳しくは厳［2009］などを参照のこと。

が、これら諸省における出稼ぎ労働者も長江以南の中西部から流入してくる者が多く、彼らの主食も主に米であった。したがって、「改革開放」後東南沿海諸省における米需要は急増するが、当該地区における米生産は工業化にともなう農地転用等の要因により減少を避けられないから、中国全体として米が足りていても、この地域では容易に米不足が発生する。1993年の出来秋後、中国全体として食糧が豊作であったにもかかわらず、食糧価格が暴騰するという現象が起こった。このときの価格上昇は広東省の米から始まったと伝えられるが、米需給の地域的なアンバランスが関係していることはまちがいない。

　本書は以上のような問題意識を持って、研究を進める。以下、第2章では、食糧流通システムに関する具体的な分析を行う前提として、「改革開放」後の食糧需給動向について、簡単に整理する。

　第3章では、1985年における統一買付制度の撤廃と契約買付制度の導入を取りあげ、そうした改革を必然化した要因、改革の実施状況、および改革が失敗に終わった経緯などについて、分析を行う。都市住民に対する低価格での配給制度には手をつけずに、農家からの買付だけ自由化することなど、どだい不可能であった。

　第4章では、1985年の改革の失敗後、直接統制と自由流通を結びつけた複線型流通システムが形成される経緯、1990年における大量の保護価格買付の実施と食糧備蓄制度成立の動き、ならびに1992〜1993年における食糧直接統制の撤廃（売買価格の自由化ならびに義務供出制度および配給制度の廃止）の動きを取りあげて分析する。1992〜1993年の改革が単なる食糧流通の自由化ではなく、不完全ながらも食糧流通の間接統制システムの形成を目指していたことを示す。

　第5章では、安徽省で実施した現地調査に基づき、1992〜1993年の食糧流通市場化改革の前後における、主産地の食糧流通システムの変化について、とくに地方国営食糧企業の経営に着目して分析した。当時の国営食糧企業には、企業であり政府の代理人でもあるという二面性があり、市場化改革に乗じて大きな利潤をあげることもあれば、ときには政府の命令による保護価格買付を行い、大きな損失を出すこともあった。1990年代の食糧流通は徐々に農民保護的な性

格を強めるが、保護政策の費用負担関係が不明確であったことの付けは、最終的に国営食糧企業と地方政府にまわされた。

1992～1993年の改革も結果的に失敗に終わり、再び複線型流通システムが復活する。第6章では、1990年代の複線型流通システムが農民保護的な性格を帯びており、この点で1980年代後半の複線型流通システムとは性格を異にすることを示す。ただし、この時期の農民保護の費用負担は、主に地方政府に押しつけられていた。次に、1998年の「食糧流通体制改革」の内容と、その「改革」が失敗に終わった理由について検討する。「改革開放」後の食糧流通改革の流れにおいて、1998年の「改革」は非常に特異な性格を有する。

第7章では、まず2002年以降、農業保護手法が保護価格買付（価格支持）から農家に対する直接支払いに変わったことを示す。次に、食糧流通の間接統制の物的基礎となる備蓄制度の整備について整理する。以上を前提として、2004年に全国で食糧買付が自由化されるとともに、価格下落時の備えとして最低買付価格制度が導入されたことを示す。これをもって、中国の食糧流通システムの市場化改革は完了し、自由な市場流通を前提とする間接統制システムが一応の完成をみた。最低買付価格は2008年以降、毎年大幅に引き上げられているが、この章ではそのことの意味も検討する。また、中国の食糧サプライチェーンにおける、国有企業と民間企業との棲み分けという仮説を提示した。

第8章は、本書全体のまとめとして、あらためて「改革開放」後30年余りの食糧流通システムの変容を整理するとともに、今後の展望にも言及する。

本書の研究手法としては、主に中国の政策文書や政府報告書、統計資料、各時期の新聞報道などの一次資料に基づく実証分析を行うが、第5章では食糧主産地における現地調査に基づく分析も行っている。

なお、食糧流通に関する研究は中国でもたいへん盛んであるが、内容的にはその時々の中央政府や地方政府の食糧政策動向の紹介や、その時々の政策が国営食糧部門（国有食糧企業）の食糧買付や経営内容に与える影響の分析、およびこれらの分析を踏まえた政策提言的な研究が多い。「改革開放」後30年間の食糧流通制度の変遷を、流通システムの直接統制から間接統制への転換、なら

びに農業政策全体の消費者保護から生産者保護への転換という大きな枠組みで整理した研究は、中国にも存在しない。ただ、陳錫文らが30年間の農村改革を回顧的に分析した陳・趙・羅［2008: 第二章］における、1990年代の食糧流通体制改革に関する分析の視点は、筆者に近い。

最後に、行論の便のために、あらかじめ中国の食糧流通システムに関連する諸要素が、時期ごとにどのように変化するかを整理しておくと、表1-1のようになる。一見して非常に複雑であるが、本書全体を通じて、この複雑な過程をできる限り分かりやすく解き明かしていきたい。

表1-1 食糧流通システムに関連する諸要素

	1978-82	83-84	85	86-89	90-91	92-93	94-95	96	97	98	99-2000	2001	2002	2003	2004-2007	2008-2011
市場価格の動向	高位安定	下落		上昇	下落		上昇			下落		横ばい		上昇	横ばい	上昇
食糧買付おょび価格	直接統制		自由化(失敗)	統制+市場(複線型)		自由化(失敗)	統制+市場(複線型)		直接統制(失敗)		統制+市場(複線型)	地区ごとに徐々に自由化			自由+最低買付価格(間接統制完成期)	
備蓄制度					形成期						整備期				完成期	
農業政策理念	消費者保護														生産者保護	
農業保護手法							価格支持拡大期		同安定期		同縮小期			直接支払試験	直接支払+最低買付価格制度	直接支払+最低買付価格制度支持政策への転化

出所：筆者作成。

第 2 章

「改革開放」後の食糧需給動向

第 1 節　食糧生産動向

　本章では、「改革開放」後の中国の食糧需給動向について整理することで、第 3 章以降における食糧流通システムに関する分析の助けとしたい。
　図 2 - 1 は、中華人民共和国建国直後の1952年から2011年までの食糧総生産量、人口および人口 1 人当たり食糧生産量を示したものである。上述したように、中国の「食糧」は穀物のほかに豆類およびイモ類（サツマイモとジャガイモのみ）を含む。中国の食糧重量の計算方法は以下のようなものである。すなわち、イモ類は生鮮重量 5 キロ（1963年までは 4 キロ）を食糧 1 キロに換算し、豆類はさやを取った後の乾燥重量で計算する。そのほかの穀物重量は、脱穀後の籾付きの状態で計算する。これが、「原糧」単位の食糧重量である。食糧の生産量は、一般に「原糧」単位で表示される。他方、食糧の流通量は通常、米とアワのみ精白換算し、その他の穀物と豆類、イモ類を「原糧」ベースのままで計算した「貿易糧」単位を用いる[4]。ただし、流通過程にある食糧でも、ときに「原糧」単位で表示されることがあるので、注意を要する。本書における食糧

4）中国語の「貿易」は交易の意味であり、商業・流通一般を意味する。「貿易」は「国内貿易」と「対外貿易」に分けられ、「対外貿易」が日本語の「貿易」に相当する。

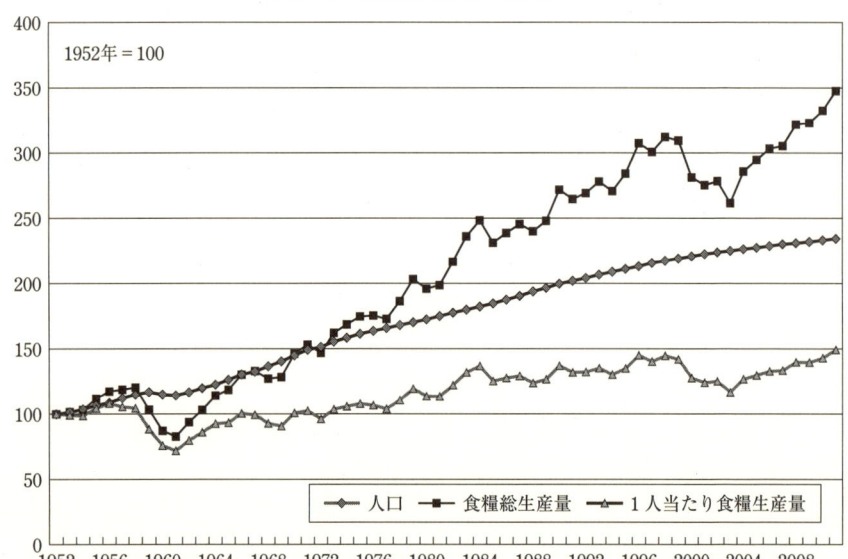

図2-1 建国後の食糧生産動向

出所：国家統計局国民経済綜合統計司編［2005］、『中国統計年鑑2011』、『中国統計摘要2012』より筆者作成。

生産量は、原則として、すべて「原糧」単位である。他方、買付量、販売量等、流通過程における食糧重量については、それが「貿易糧」単位であるか「原糧」単位であるかを、一つ一つ明示する。

図2-1によれば、中国の食糧生産は長く停滞しており、人口1人当たり食糧生産量が安定的な増大を始めるのは、1970年代後半以降のことである。1959～61年の3年連続の大減産は、大躍進および人民公社化の失敗によるものである[5]。食糧総生産量はその後、人民公社政策の修正等によりV字型の回復をみせるものの、1人当たり食糧生産量は1970年代後半まで建国直後の水準を超えられなかった。

図2-2は、1978年以降の食糧生産量と食糧作付面積を示したものである。1980～1990年代の食糧生産には、1982～1984年、1990年、1995～1996年という3

5）大躍進および人民公社化について、詳しくは中兼［1992］参照。

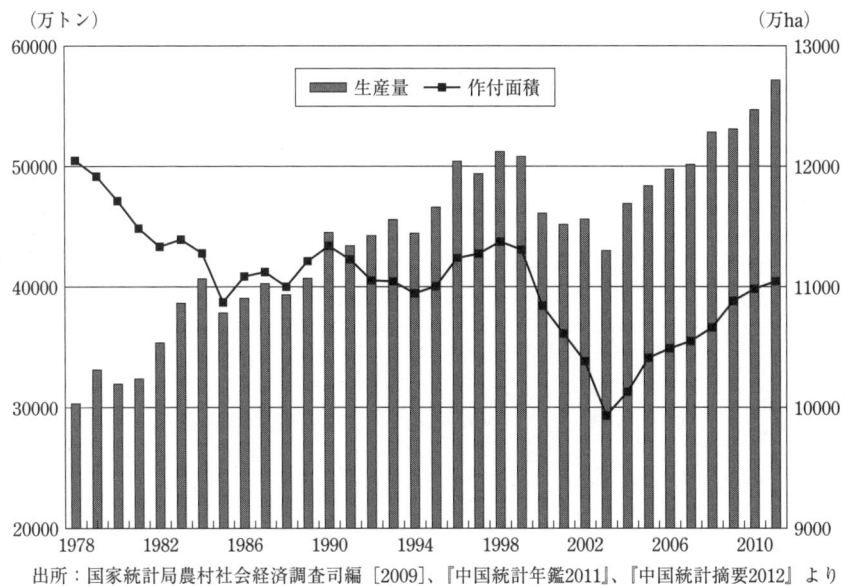

図2-2 「改革開放」後の食糧生産動向

出所：国家統計局農村社会経済調査司編［2009］、『中国統計年鑑2011』、『中国統計摘要2012』より筆者作成。

回の大増産の時期があり、大増産後の数年間つまり1985～1989年、1991～94年、1997～1999年には食糧生産は安定ないし停滞している。すなわち、1980～1990年代には、階段を三段上るように食糧生産が増大している。これに対して、2000年代以降は2000～2003年の急速な食糧減産と、2004～2011年の8年連続の食糧増産という、対照的な二つの時期に分けられる。

表2-1は、同じく1978年以降の食糧生産量を、品目ごとにみたものである。中国の食糧生産統計は、もともと米、小麦、トウモロコシ、コウリャン、アワ、大豆、イモ類の7品目およびその他の雑穀・雑豆という8分類であり、穀物全体と豆類全体の生産量が公表されるようになったのは1991年以降のことである。

「改革開放」初期の生産量と近年の生産量を品目別に比較すると、雑穀とイモ類以外はすべて生産量を増やしているが、構成比という意味では、食糧全体に占める割合を大きく伸ばしているのはトウモロコシのみであり、あとは小麦の割合が少し上昇しているだけである。もっとも、近年の小麦の生産割合は、

表2-1 「改革開放」後の品目別食糧生産量

(単位：万トン、%)

	食糧	穀物	米（籼）	小麦	トウモロコシ	雑穀	豆類	大豆	イモ類
1978	30477		13693 (44.9)	5384 (17.7)	5595 (18.4)			757 (2.5)	3174 (10.4)
1979	33212		14375 (43.3)	6273 (18.9)	6004 (18.1)			746 (2.2)	2846 (8.6)
1980	32056		13991 (43.6)	5521 (17.2)	6260 (19.5)			794 (2.5)	2873 (9.0)
1981	32502		14396 (44.3)	5964 (18.3)	5921 (18.2)			933 (2.9)	2597 (8.0)
1982	35450		16160 (45.6)	6847 (19.3)	6056 (17.1)			903 (2.5)	2705 (7.6)
1983	38728		16887 (43.6)	8139 (21.0)	6821 (17.6)			976 (2.5)	2925 (7.6)
1984	40731		17826 (43.8)	8782 (21.6)	7341 (18.0)			970 (2.4)	2848 (7.0)
1985	37911		16857 (44.5)	8581 (22.6)	6383 (16.8)			1050 (2.8)	2604 (6.9)
1986	39151		17222 (44.0)	9004 (23.0)	7086 (18.1)			1161 (3.0)	2534 (6.5)
1987	40298		17426 (43.2)	8590 (21.3)	7924 (19.7)			1247 (3.1)	2821 (7.0)
1988	39408		16911 (42.9)	8543 (21.7)	7735 (19.6)			1165 (3.0)	2697 (6.8)
1989	40755		18013 (44.2)	9081 (22.3)	7893 (19.4)			1023 (2.5)	2730 (6.7)
1990	44624		18933 (42.4)	9823 (22.0)	9682 (21.7)			1100 (2.5)	2743 (6.1)
1991	43529	39566 (90.9)	18381 (42.2)	9595 (22.0)	9877 (22.7)	1713 (3.9)	1247 (2.9)	971 (2.2)	2716 (6.2)
1992	44266	40170 (90.7)	18622 (42.1)	10159 (22.9)	9538 (21.5)	1850 (4.2)	1252 (2.8)	1030 (2.3)	2844 (6.4)
1993	45649	40517 (88.8)	17751 (38.9)	10639 (23.3)	10270 (22.5)	1857 (4.1)	1950 (4.3)	1531 (3.4)	3181 (7.0)
1994	44510	39389 (88.5)	17593 (39.5)	9930 (22.3)	9928 (22.3)	1939 (4.4)	2096 (4.7)	1600 (3.6)	3025 (6.8)
1995	46662	41612 (89.2)	18523 (39.7)	10221 (21.9)	11199 (24.0)	1670 (3.6)	1788 (3.8)	1350 (2.9)	3263 (7.0)
1996	50454	45127 (89.4)	19510 (38.7)	11057 (21.9)	12747 (25.3)	1813 (3.6)	1790 (3.5)	1322 (2.6)	3536 (7.0)
1997	49417	44349 (89.7)	20074 (40.6)	12329 (24.9)	10431 (21.1)	1516 (3.1)	1876 (3.8)	1473 (3.0)	3192 (6.5)
1998	51230	45625 (89.1)	19871 (38.8)	10973 (21.4)	13295 (26.0)	1485 (2.9)	2001 (3.9)	1515 (3.0)	3604 (7.0)
1999	50839	45304 (89.1)	19849 (39.0)	11388 (22.4)	12809 (25.2)	1259 (2.5)	1894 (3.7)	1425 (2.8)	3641 (7.2)
2000	46218	40522 (87.6)	18791 (40.7)	9964 (21.6)	10600 (22.9)	1168 (2.5)	2010 (4.3)	1541 (3.3)	3685 (8.0)
2001	45264	39648 (87.6)	17758 (39.2)	9387 (20.7)	11409 (25.2)	1094 (2.4)	2053 (4.5)	1541 (3.4)	3563 (7.9)
2002	45706	39799 (87.1)	17454 (38.2)	9029 (19.8)	12131 (26.5)	1185 (2.6)	2241 (4.9)	1651 (3.6)	3666 (8.0)
2003	43070	37429 (86.9)	16066 (37.3)	8649 (20.1)	11583 (26.9)	1131 (2.6)	2128 (4.9)	1539 (3.6)	3513 (8.2)
2004	46947	41157 (87.7)	17909 (38.1)	9195 (19.6)	13029 (27.8)	1025 (2.2)	2232 (4.8)	1740 (3.7)	3558 (7.6)
2005	48402	42776 (88.4)	18059 (37.3)	9745 (20.1)	13937 (28.8)	1036 (2.1)	2158 (4.5)	1635 (3.4)	3469 (7.2)
2006	49804	45099 (90.6)	18172 (36.5)	10847 (21.8)	15160 (30.4)	921 (1.8)	2004 (4.0)	1507 (3.0)	2701 (5.4)
2007	50160	45632 (91.0)	18603 (37.1)	10930 (21.8)	15230 (30.4)	869 (1.7)	1720 (3.4)	1273 (2.5)	2808 (5.6)
2008	52871	47847 (90.5)	19190 (36.3)	11246 (21.3)	16591 (31.4)	820 (1.6)	2043 (3.9)	1554 (2.9)	2980 (5.6)
2009	53082	48156 (90.7)	19510 (36.8)	11512 (21.7)	16397 (30.9)	737 (1.4)	1930 (3.6)	1498 (2.8)	2996 (5.6)
2010	54648	49637 (90.8)	19576 (35.8)	11518 (21.1)	17725 (32.4)	818 (1.5)	1897 (3.5)	1508 (2.8)	3114 (5.7)
2011	57121	51939 (90.9)	20100 (35.2)	11740 (20.6)	19278 (33.7)	821 (1.4)	1908 (3.3)		3273 (5.7)

出所：国家統計局農村社会経済調査司編［2009］、『中国統計年鑑2011』、『中国統計摘要2012』より筆者作成。

ピークの年である1997年の24.9％に比べると、かなり低下している。このような食糧構成比の変化には、主食消費の減少と畜産物等の消費増大という「食生活の高度化」が関係している[6]。

1970年以降の中国の1人当たり食料供給量の動向は、表2-2に示したとおりである（比較の意味で台湾、韓国、日本の2007年の数字も示した）。また、図2-3は、このうち米、小麦、食肉の1人当たり供給量を逐年で示したものである。なお、供給量の一部は食べ残し、腐敗等の理由により廃棄されるので、厳密には供給量と消費量は同じ意味ではないが、中国の1人当たり食料消費量のデータは手に入らないので、ここでは1人当たり供給量の数字を以て、1人当たり消費量のデータに代える。

表2-2には示されていないが、中国の1人当たり食用穀物供給量が最大であったのは1984年の182.2キロであり、米は1983年の88.3キロ、小麦は1993年の82.3キロが最大であった。これが2007年には、それぞれ152.5キロ、76.8キロ、67.4キロまで減少している。他方、1人当たり食肉供給量は、「改革開放」後、とくに1980年代後半から2000年頃にかけて、ほぼ一直線で急速に増大している。所得上昇にともなう畜産物消費の増大は、飼料穀物としてのトウモロコシ需要を増大させる。他方、主食用穀物である米麦の総需要は、1人当たり消費量の減少により、人口増加を考慮しても増加しないどころか、やがて減少を開始する。このような食糧需要構造の変化が、表2-1に示したような食糧生産構成比の変化をもたらしたと考えられる。トウモロコシの場合、近年では飼料用需要の増加に加えて、さらにそれを上まわる勢いで、でん粉、異性化糖、アルコール等の加工原料用需要も伸びており、そのことが一層の生産増大につながっている。

同じ主食用穀物である米と小麦の1人当たり消費量の推移を比較すると、1970年代以降の消費増大の速度は小麦の方が米よりはるかに速かったが、2000年代以降の消費減少の速度も小麦が米よりはるかに速く、結果的に2007年の1人当たり消費量は、米麦とも1980年代初頭とほぼ同じ水準まで低下している。

6）「食生活の高度化」について、詳しくは池上［2011］参照。

表2-2 1人当たり食料供給量

(単位：kcal/日、kg/年)

	総カロリー (kcal/日)			穀物（食用）			イモ類	植物油	野菜	果物	食肉	ミルク	タマゴ	魚介類
		植物性	動物性	米	小麦									
1970	1887	1772	115	130.6	70.9	33.0	120.0	1.9	45.2	5.1	9.2	2.3	2.1	4.6
1975	1967	1830	137	138.9	73.0	42.6	111.2	2.0	48.1	6.4	10.8	2.5	2.3	5.7
1980	2206	2029	177	157.1	77.3	59.7	92.9	3.2	50.4	7.4	14.9	3.0	2.7	5.2
1985	2501	2263	238	180.7	87.5	76.3	66.6	4.5	79.9	11.2	19.6	4.6	4.8	7.4
1990	2612	2299	313	177.7	84.4	80.2	68.7	6.2	100.1	16.7	26.2	6.0	6.5	11.5
1995	2823	2358	466	173.3	79.5	81.4	69.7	6.6	149.1	32.2	39.4	7.7	12.8	20.8
2000	2908	2335	572	165.2	80.1	75.3	77.6	6.7	224.5	43.4	49.6	9.7	15.8	24.5
2005	2974	2335	639	155.8	77.4	69.0	80.2	7.5	270.8	57.9	54.1	23.7	17.0	25.7
2007	2981	2342	639	152.5	76.8	67.4	61.9	9.4	279.9	64.4	53.4	28.7	17.4	26.5
台湾	2821	2154	667	88.3	47.5	36.0	21.3	21.0	115.9	116.3	74.4	20.5	17.2	37.0
韓国	3074	2574	500	142.1	75.9	50.8	15.7	15.0	213.4	79.3	55.8	26.9	10.3	52.7
日本	2812	2228	584	115.1	56.6	44.6	32.6	15.6	106.2	58.2	46.1	76.4	19.6	60.8

注1）中国は香港、マカオを含む数字。
  2）台湾、韓国、日本は2007年の数字。
  3）米は精米ベース。
出所：FAO, FAOSTAT, *Food Balance Sheets*（2010年6月2日更新版）、行政院農業委員会編
　　　［2008］より筆者作成。

　近年、米需給が比較的タイトに推移する一方、小麦は慢性的に過剰傾向にあるが、主食消費における米嗜好の強まりが関係している。中国では、欧米と異なり、もともと小麦を飼料に使う習慣はほとんどなかったが、近年トウモロコシ価格が上昇していることもあって、小麦の飼料用需要が激増している。アメリカ農務省の推計によれば、中国の小麦飼料用需要は2006年には400万トンしかなかったが、2011年には2200万トンまで増大している[7]。

　次に、表2-3から穀物の増産要因について考える。米と小麦は、2010年の作付面積が1970年の作付面積より少なく、40年間の増産はすべて単位収量の上昇に起因するものである。そして、小麦と米の単位収量上昇率の違いが、増産率の違いに帰結している。これに対して、トウモロコシは単位収量も上昇してい

7）USDA, OCE, *World Agricultural Supply and Demand Estimates*（WASDE）（http://www.usda.gov/oce/commodity/wasde/）。

第 2 章 「改革開放」後の食糧需給動向

図 2-3 米麦と食肉の 1 人当たり供給量

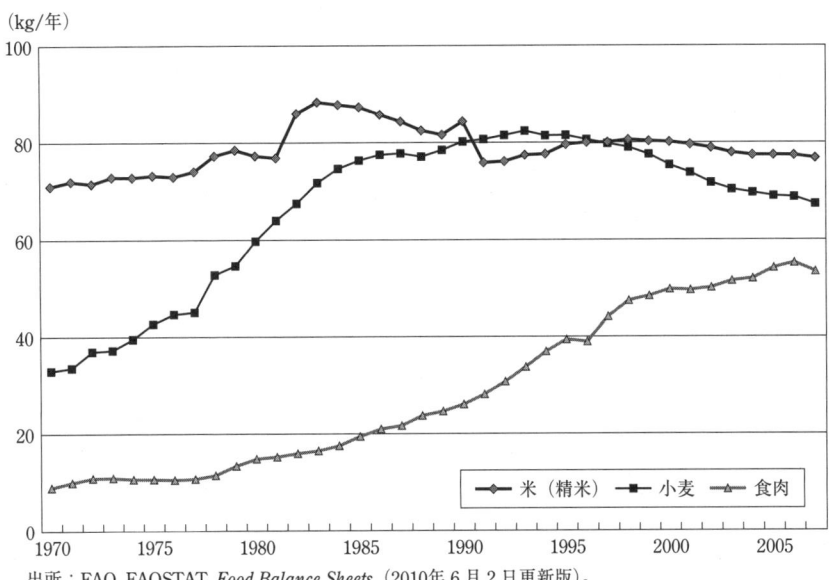

出所：FAO, FAOSTAT, *Food Balance Sheets*（2010年 6 月 2 日更新版）。

表 2-3 穀物の増産要因

(単位：万トン、千ヘクタール、トン/ヘクタール)

		米（籾）			小　麦			トウモロコシ		
		生産量	作付面積	単位収量	生産量	作付面積	単位収量	生産量	作付面積	単位収量
	1970	10676	32569	3.27	2969	25420	1.17	3444	16279	2.11
	1980	14254	33682	4.23	5919	28964	2.04	6062	19970	3.04
	1990	18442	32785	5.62	9500	30514	3.11	9151	21109	4.33
	2000	18788	29913	6.28	10207	26701	3.82	11680	24208	4.82
	2010	19729	29832	6.61	11590	24246	4.78	17800	32371	5.49
2010/1970（倍）		1.85	0.92	2.02	3.90	0.95	4.10	5.17	1.99	2.60
年変化率（％）	1970-80	2.9	0.3	2.6	7.1	1.3	5.8	5.8	2.1	3.7
	1980-90	2.6	-0.3	2.9	4.8	0.5	4.3	4.2	0.6	3.6
	1990-2000	0.2	-0.9	1.1	0.7	-1.3	2.1	2.5	1.4	1.1
	2000-2010	0.5	-0.0	0.5	1.3	-1.0	2.3	4.3	2.9	1.3
	1970-2010	1.5	-0.2	1.8	3.5	-0.1	3.6	4.2	1.7	2.4

注）表示年を中心とする 3 カ年平均値。ただし、トウモロコシの1970年は1970年と1971年の 2 カ年平均値。
出所：中華人民共和国農業部計画司編［1989］、『中国統計年鑑（各年版）』、『中国統計摘要2012』などより筆者作成。

図2-4 水稲高収量品種作付面積と水稲単位収量

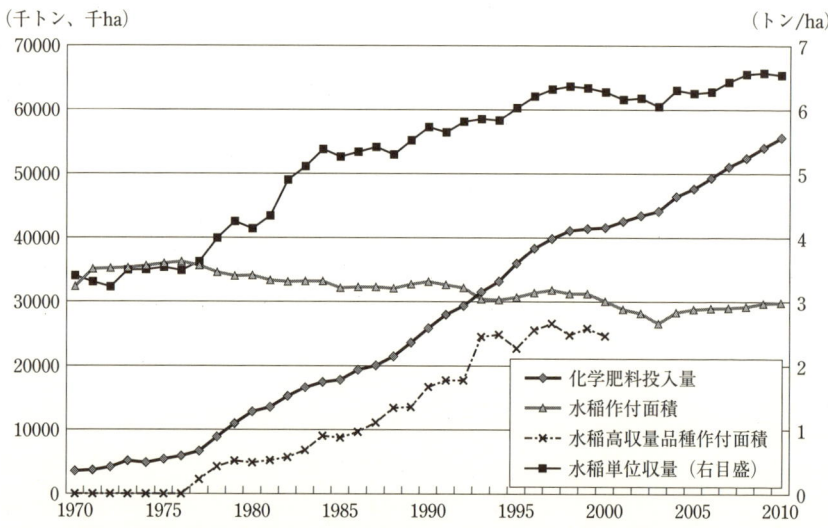

注)　高収量品種作付面積は、IRRI（国際稲研究所）のデータベース World Rice Statistics（WRS）の Modern Varieties の作付面積の数字。ただし、2001年以降のデータは公表されていない。
出所：中華人民共和国農業部計画司編［1989］、国家統計局国民経済綜合統計司編［2005］、『中国統計年鑑（各年版）』および IRRI, World Rice Statistics（WRS）より筆者作成。

るが、作付面積も40年間に約2倍に増えている。トウモロコシの作付面積は、1970年には米の約半分でしかなく、小麦と比べてもはるかに少なかったが、2002年に小麦の作付面積を上まわり、2007年には米の作付面積をも上まわった。この結果、40年間の増産率は、トウモロコシが一番大きく、次いで小麦、米となっている。

　図2-4によれば、中国で水稲単位収量の本格的な上昇が始まるのは1970年代後半のことであるが、水稲高収量品種の普及が始まったのも、ちょうど同じ頃である。さらに、化学肥料投入量（水稲生産に限定したデータが得られないので、全国の化学肥料投入量の合計で代用）の増加テンポが加速するのも同じ頃である。高収量品種（在来品種に比べて単位面積当たりの収量が高い品種）の普及と軌を一にして、水稲の単位収量は上昇を続けたが、高収量品種の作付面積が頭打ちする頃から、単位収量の伸びも鈍化している。なお、中国では建

国後早い時期から農民労働の動員により灌漑整備が進んでおり、水田についてはごく一部の天水田を除いて灌漑が可能である。すなわち、1970年代以降の中国の水稲増産は、高収量品種の普及と化学肥料の増投および効率的な肥培管理の前提となる灌漑整備がセットとなった「緑の革命」的な技術進歩によるものといえる。小麦とトウモロコシの増産も、同様な技術進歩によるものと考えられる。

図 2-4 は、1982～1984年の 3 年間における、水稲単位収量の上昇率が著しく高かったことを示している。この 3 年間の水稲単位収量上昇率は、年率で7.5％に達した。同様のことは、小麦とトウモロコシについてもいえる。同期間の小麦の単位収量上昇率は年率12.1％、トウモロコシも年率9.1％に達した。各戸請負制の普及は、1981～1983年の 3 年間に一気に進んだが[8]、そのことが農家の生産インセンティブを高め、突発的な総要素生産性の上昇をもたらしたと考えられる。ただし、こうしたインセンティブ効果は一回性のものであり、1985年以降の食糧増産は、基本的には要素投入の増加と技術進歩によるものである。Lin［1992］は、1978～1984年における農業産出の増加の半分が、各戸請負制の導入など非集団化（Decollectivization）による総要素生産性の上昇により説明されるとする一方、こうした効果が一巡した1985年以降における農業成長率の低下は不可避だとしている。

第 2 節　食糧需給と在庫動向

毎年の食糧収支は、
　期首在庫＋国内生産量－国内消費量＋輸入量－輸出量＝期末在庫
という恒等式で表される。国内消費量は、食用、飼料用、加工原料用、種子用等の通常の需要のほか、流通過程における損耗なども含む。なお、期首在庫は、前年の期末在庫の数字と一致する。

---

[8]　全国の各戸請負制普及率は、1980年12月には14.9％であったが、1981年10月48.8％、1982年11月78.7％、1983年12月97.9％と、3 年間で一気に高まっている（池上［1989b: 77］）。

中国政府は、食糧の消費量と在庫量について、公式の統計を発表していない。消費量については、国家統計局および国家糧食局系統の国家糧油信息中心が、それぞれ独自に推計を行っている模様であり、断片的な情報が提示されることはあるが、時系列的にまとまった統計データとしては公表されていない。また、中国では食糧在庫の大きな部分が、国有食糧企業（現在であれば主に中国備蓄食糧管理総公司）が保有する備蓄食糧であり、この備蓄量の数字は国家機密とされているので、毎年の食糧在庫の数字を手に入れることは、事実上不可能である。

　そこで、本稿では、アメリカ農務省の World Agricultural Supply and Demand Estimates（WASDE）というデータベースの数字を用いて、中国の食糧収支について考えてみたい。WASDEを用いると、米（精米ベース）、小麦、トウモロコシについて1980年以降、大豆については1998年以降、期首在庫・期末在庫を含む中国の食糧収支の数字を手に入れることができる。WASDEの国内生産量の数字は、中国政府の公式統計の数字である。貿易量については、中国の通関統計の数字とのずれが大きい年もあるが、趨勢的にはほぼ一致している。国内消費量と期首在庫・期末在庫はアメリカ農務省の推計であるが、国内消費量は国家糧油信息中心の推計値などを参考にしている模様である。また、新しい情報を入手するたびに、過去にさかのぼってデータの修正を行っており、データの精度は比較的高いと考えられる。中国政府が食糧在庫の数字を公表していないこともあり、中国国内の研究者や穀物アナリストも、在庫数字については一般にアメリカ農務省のデータに依存している。

　表2-4に、1980〜2011年の米（精米）、小麦、トウモロコシの生産量、消費量、純輸入量（輸入量－輸出量）、期末在庫量の数字を示した。図2-5〜図2-7には、それぞれの期末在庫量と期末在庫率の推移を示した。また、表2-5に、1998〜2011年の大豆の生産量、消費量、純輸入量、期末在庫量の数字を示すとともに、図2-8には期末在庫量と期末在庫率の推移を示した。

　それによれば、1980年の期末在庫量は、米と小麦が約3000万トン、トウモロコシが約4000万トンもあり、当時の消費規模からするとすでにかなり大きかった。年間消費量に対する期末在庫量の割合である期末在庫率は、1980年時点で

第 2 章 「改革開放」後の食糧需給動向

表 2-4 穀物の需給バランス

(単位:百万トン)

	米 (精米)				小麦				トウモロコシ			
	生産量	消費量	純輸入量	期末在庫	生産量	消費量	純輸入量	期末在庫	生産量	消費量	純輸入量	期末在庫
1980	97.9	98.6	−0.3	28.0	55.2	76.0	13.8	31.7	62.6	61.8	0.6	42.8
1981	100.8	101.1	−0.2	27.5	59.6	78.8	13.2	25.7	59.2	62.0	1.1	41.2
1982	113.1	103.3	−0.3	37.0	68.5	79.5	13.0	27.7	60.6	61.4	2.4	42.7
1983	118.2	105.2	−1.0	49.0	81.4	83.0	9.6	35.7	68.2	61.8	−0.2	48.9
1984	124.8	110.5	−0.8	62.5	87.8	89.1	7.4	41.8	73.4	61.2	−5.1	56.0
1985	118.0	111.9	−0.6	68.0	85.8	95.2	6.6	39.1	63.8	59.7	−6.0	54.1
1986	120.6	112.7	−0.9	75.0	90.0	97.3	8.8	40.6	70.9	64.1	−2.2	58.7
1987	121.7	115.9	−0.3	80.5	85.9	99.0	15.3	42.8	79.2	67.3	−4.3	66.3
1988	118.4	118.6	0.7	81.0	85.4	100.8	15.4	42.8	77.4	69.0	−4.0	70.6
1989	126.1	120.8	−0.3	86.0	90.8	102.4	12.8	44.0	78.9	74.2	−2.6	72.7
1990	132.5	123.9	−0.6	94.0	98.2	101.7	9.4	49.9	96.8	79.8	−6.9	82.8
1991	128.7	126.8	−0.8	95.0	96.0	105.4	15.9	56.4	98.8	83.2	−10.0	88.4
1992	130.4	128.1	−1.2	96.0	101.6	104.3	6.5	60.2	95.4	87.8	−12.6	83.4
1993	124.4	129.3	−0.6	90.5	106.4	105.3	3.7	65.0	102.7	92.9	−11.6	82.7
1994	123.2	130.1	2.0	85.5	99.3	105.4	9.8	68.7	99.3	97.0	3.0	88.0
1995	129.7	131.2	0.6	84.5	102.2	106.5	12.0	76.5	112.0	101.2	1.3	100.1
1996	136.6	132.0	−0.6	88.5	110.6	107.6	1.7	81.2	127.5	105.8	−3.8	118.0
1997	140.5	132.7	−3.5	93.0	123.3	109.1	0.8	96.2	104.3	109.5	−5.9	106.6
1998	139.1	134.1	−2.5	96.0	109.7	108.2	0.3	97.9	133.0	113.9	−3.1	122.9
1999	138.9	134.2	−2.7	98.5	113.9	109.3	0.5	102.9	128.1	117.3	−9.9	123.8
2000	131.5	134.3	−1.6	94.1	99.6	110.3	−0.4	91.9	106.0	120.2	−7.2	102.4
2001	124.3	136.5	−1.7	82.2	93.9	108.7	−0.4	76.6	114.1	123.1	−8.6	84.8
2002	122.2	135.7	−2.3	67.2	90.3	105.2	−1.3	60.4	121.3	125.9	−15.2	65.0
2003	112.5	132.1	0.2	44.9	86.5	104.5	0.9	43.3	115.8	128.4	−7.6	44.9
2004	125.4	130.3	−0.1	38.9	92.0	102.0	5.6	38.8	130.3	131.0	−7.6	36.6
2005	126.4	128.0	−0.6	36.8	97.4	101.0	−0.4	34.9	139.4	137.0	−3.7	35.3
2006	127.2	127.2	−0.9	35.9	108.5	102.0	−2.4	38.5	151.6	145.0	−5.3	36.6
2007	130.2	127.5	−0.7	38.0	109.3	106.0	−2.8	39.0	152.3	149.0	−0.5	39.4
2008	134.3	133.0	−0.4	38.9	112.5	105.5	−0.2	45.7	165.9	152.0	−0.1	53.2
2009	136.6	134.3	−0.3	40.5	115.1	107.0	0.5	54.4	164.0	165.0	1.2	51.3
2010	137.0	135.0	0.0	42.6	115.2	110.5	−0.0	59.1	177.2	180.0	0.9	49.4
2011	140.5	139.0	0.5	44.6	117.9	120.5	2.0	58.5	191.8	188.0	4.8	58.0

注1) 純輸入量は、輸入量−輸出量。
 2) 生産量は中国政府の公式統計数字。ただし、米の生産量は中国政府による籾ベースの公式統計数字を、アメリカ農務省が換算率70%で精米換算したもの。
 3) 消費量、純輸入量、期末在庫はアメリカ農務省の推計。
出所: USDA, OCE, *World Agricultural Supply and Demand Estimates* (WASDE) (2012年5月10日更新版) (http://www.usda.gov/oce/commodity/wasde/)。

図2-5 米（精米）の期末在庫量と期末在庫率

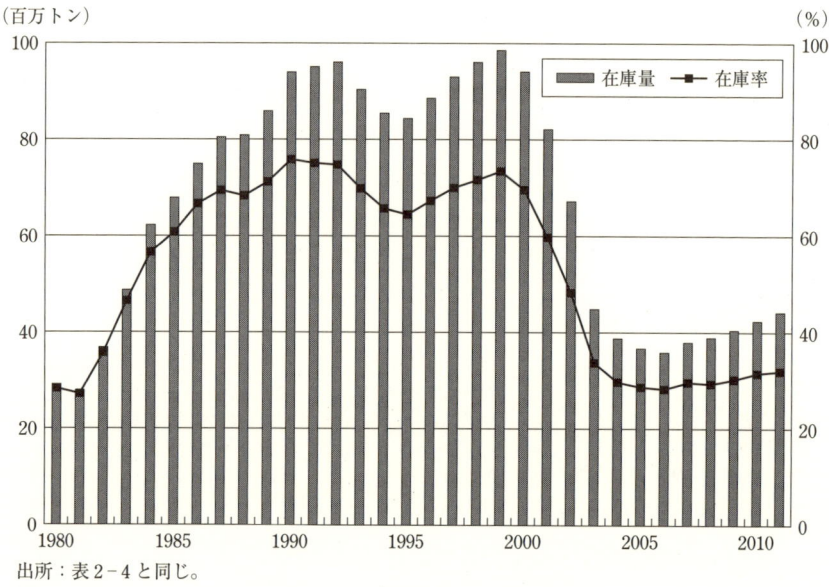

出所：表2-4と同じ。

図2-6 小麦の期末在庫量と期末在庫率

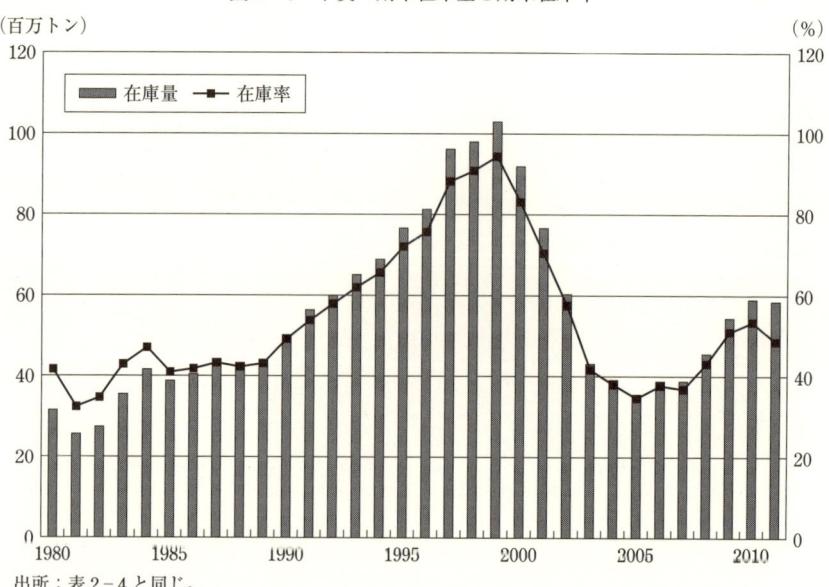

出所：表2-4と同じ。

第 2 章 「改革開放」後の食糧需給動向

図 2-7 トウモロコシの期末在庫量と期末在庫率

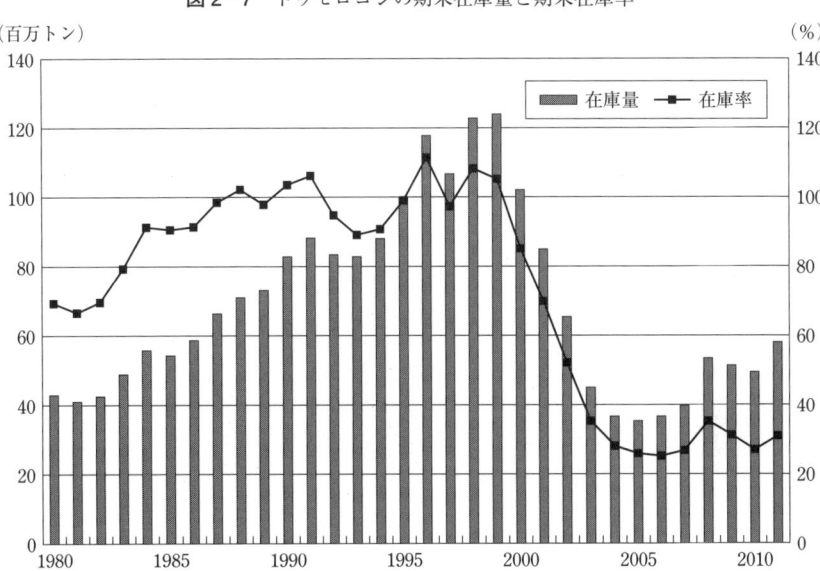

出所：表 2-4 と同じ。

図 2-8 大豆の期末在庫量と期末在庫率

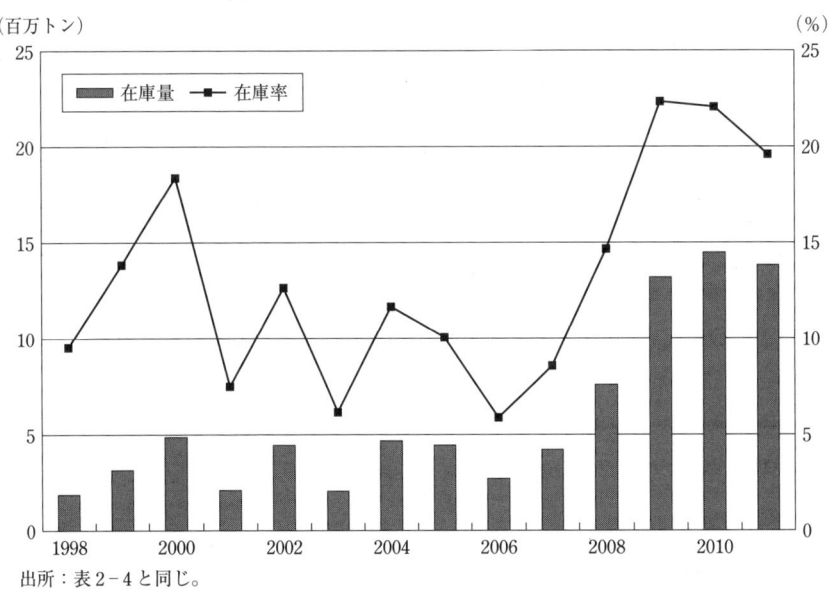

出所：表 2-4 と同じ。

表2-5 大豆の需給バランス

(単位:百万トン)

	大豆			
	生産量	消費量	純輸入量	期末在庫
1998	15.2	19.9	3.7	1.9
1999	14.3	22.9	9.9	3.2
2000	15.4	26.7	13.0	4.9
2001	15.4	28.3	10.1	2.1
2002	16.5	35.3	21.2	4.5
2003	15.4	34.4	16.6	2.1
2004	17.4	40.2	25.4	4.7
2005	16.4	44.5	28.0	4.5
2006	16.0	46.1	28.3	2.7
2007	14.0	49.8	37.4	4.3
2008	15.5	51.4	40.7	7.6
2009	15.0	59.4	50.2	13.3
2010	15.1	66.0	52.2	14.6
2011	13.5	70.1	55.8	13.8

出所:表2-4と同じ。

　も、米28.4%、小麦41.7%、トウモロコシ69.3%に達したが、これはFAO(国連食糧農業機関)が1974年に唱えた穀物の安全在庫水準17～18%をはるかに上まわっている。その後いずれの穀物も在庫が膨れあがり、最大時の在庫量は米と小麦で約1億トン、トウモロコシでは約1億2000万トンにも達した。国際的な水準と比較して、在庫水準が著しく高いのが、中国の食糧流通の一つの大きな特徴である。

　三大穀物と大豆について、期末在庫量と期末在庫率の推移を確認すると、それぞれに特徴のあることが分かる。まず、米については、1980年代に一気に在庫が増え、1990～1992年の3年間の期末在庫量は9400～9600万トンと、1億トン近いレベルまで達した。期末在庫率が最も高かったのは1990年の75.9%である。その後、1993～1995年に在庫量が約1000万トン減少するが、1996～1999年に再び増大して、1999年に9850万トンという最大在庫量(在庫率は73.4%)を記録した。しかし、米の在庫量は2000年以降(とくに2003年まで)つるべ落としに下がり、2006年の3590万トンで底を打った。その後、期末在庫量は毎年少しずつ

増えており、在庫率は2006年の28.2％が2011年には32.1％まで回復している。なお、米の場合、生産量や消費量に比べた純貿易量の数字は小さく、無視しうるレベルでしかない。

　小麦の期末在庫量と期末在庫率は、米と異なり1980年代には比較的安定していたが、1990年代に一気に増大した。在庫量は、1997～1999年の3年間には1億トン前後の水準を記録している。在庫量（1億290万トン）、在庫率（94.1％）とも、1999年の数字が過去最大である。米と小麦のこうした在庫趨勢の違いは、1980年代に小麦の消費量が米を上まわって増大したことと関係している（図2－3参照）。1980年代の中国は、国内生産量の不足を補うために大量の小麦輸入を行っていた。2000年以降の小麦在庫の趨勢は、米の動きと比較的よく似ている。すなわち、小麦の在庫量も2000年以降（とくに2003年まで）つるべ落としに下がり、2005年の3490万トン（在庫率は34.5％）で底を打った。ただ、その後の在庫量と在庫率の上昇のテンポは米よりはるかに速く、2011年の期末在庫量は5850万トン、期末在庫率は48.5％と再び非常に高い水準に達している。2000年代後半における、米と小麦の在庫動向の違いは、米の需給が逼迫気味で小麦は過剰傾向にあるという、中国国内における、政府発表や新聞報道等の内容とも矛盾しない。

　トウモロコシの期末在庫の動きは、米と比較的よく似ている。すなわち、1980年代における在庫増大のテンポが速く、期末在庫率は1988年には100％を超えている。1990年代前半の期末在庫量は安定していた（在庫率は低下）が、1990年代後半には再び在庫量が増大（1997年は例外的に減少）している。期末在庫量が最も多かったのは1999年の1億2380万トンであり、期末在庫率が最も高かったのは1996年の111.6％である。2000年以降（とくに2003年まで）期末在庫量がつるべ落としに下がったのは、米や小麦と同じである。期末在庫量は2005年の3530万トンで、また期末在庫率は2006年の25.2％で、いちおう底を打った。期末在庫量、在庫率とも2008年には大きく上昇したが、在庫量はその後漸増、在庫率は漸減している[9]。

9）中国のトウモロコシ需給について、詳しくは寶劔［2011］参照。

トウモロコシは、2000年代後半において、米や小麦をはるかに上まわる増産を達成したが、消費量の伸びも圧倒的に大きかったので、在庫率は上昇しにくい。また、現在の在庫率を30年前と比較すると、米はあまり変わらないが、小麦は大幅な上昇、トウモロコシは大幅な低下と、三者三様である。

　大豆の期末在庫率は、三大穀物に比べてはるかに低い。期末在庫量も2007年までは500万トン未満に抑えられており、比較的小さいといえる。ところが、2008〜2010年のわずか3年間で在庫量は約1000万トンも増えており、在庫率も2009〜2011年には20％前後まで上昇している。もちろん、消費量に対して20％程度の在庫率は決して高いものではないが、国内生産規模に対する在庫規模は非常に大きく、2009〜2011年には約90〜100％に達した。じつは、中国の国産大豆は、価格が輸入大豆より高く、含油率は輸入大豆より低いことや、主産地の黒龍江省が内陸に位置している（搾油工場は一般に沿海部に立地している）ことなどから、市場での販売困難という問題を抱えている。そのため、中国政府は、2008〜2010年の3年間に、臨時買付保管（「臨時収儲」）という名目の国産大豆の買い支えを行ったが、その数量は850万トンに達した。これに、通常の中央備蓄大豆および地方備蓄大豆の買付を合わせると1000万トンを超えた。他方、同期間の臨時買付保管大豆や備蓄大豆の販売量はわずか210万トンにしかならなかったから、差し引きで約800万トンの政府在庫が増えたことになる（中国鄭州糧食批発市場［2011: 36］）。つまり、中国は現在、大豆供給の大部分を輸入に依存しているにもかかわらず、在庫に占める割合では国産の比率が高く、しかも国産大豆の在庫のかなりの部分を政府が保管していると考えられるのである。

第3節　地域別の生産動向

　中国では古来「南糧北運」という言葉があるように、もともと食糧の余剰があるのは気候温暖で雨量の多い南方に限られており、その余剰食糧を北方（とくに北京）に運ぶという物流関係があった。ところが、「改革開放」後、東南沿海地域が輸出指向工業化の基地となることで、この地域の人口増加と食糧

（一般に水稲）生産の減少が並行して進む一方、灌漑・排水整備や耐冷品種の普及等の技術進歩により、北方の食糧生産が激増することで、食糧の流れが「北糧南運」に変わって来つつある。

　表2-6は、全国31の一級行政区（22省、4直轄市、5自治区）を、地理的な条件から七つの地域に分け、それぞれの地域の10年ごとの三大穀物および大豆の生産量の推移をみたものである。各食糧作物の生産量からみてとれるように、東北、華北、西北が畑作地帯（ただし東北地区とくに黒龍江省では近年水田面積が急増している）であり、概ねこの地域を北方と称する。残りの長江下流域、長江中流域、華南、西南は水田地帯（ただし西南地区では海抜と地形により水田と畑が混在している）であり、概ねこの地域を南方と称する。七つの地域分類は、中国国内の一般的な理解とも大きな齟齬はないが、内モンゴル自治区を東北地区に分類することは、農業以外の分野では考えにくいので、以下に補足的な説明を行う。

　内モンゴル自治区は東西に長く、自然条件は地域により大きく異なる。内モンゴル自治区は全体に沙漠と草地が多く、まとまった食糧生産地域は、ほぼ中西部の黄河流域と、東部の大興安嶺山脈の東側に広がる平原地帯に限定される。なかでも、大興安嶺山脈の東側の地域への食糧生産集中度が高く、近年では全自治区の食糧の3分の2以上がこの地域で生産されている。この地域（行政区としてはフルンボイル市、興安盟、通遼市、赤峰市）は、黒龍江省、吉林省、遼寧省と境界を接しており、主要な食糧作物がトウモロコシと大豆であるなど、農業地理的な条件も東北地区との共通性が強い[10]。また、内モンゴル自治区東部は、食糧流通政策の上でも、東北三省と同じ施策の対象にされることが多い。これらの点を考慮して、地域別の食糧生産量の推移をみる際には、内モンゴル自治区を東北地区に加えるのが適当だと考えた。

　表2-6によれば、もともと中国の米生産の中心は長江流域と華南、西南で

---

[10] 現在のフルンボイル市、興安盟、通遼市、赤峰市は、1932～1945年には東北三省同様に「満州国」の一部であり、1969～1979年には黒龍江省（フルンボイル市および興安盟の一部）、吉林省（通遼市および興安盟の一部）、遼寧省（赤峰市）に属するなど、行政区画的にも東北三省とのつながりが強い。

表 2-6　穀物と大豆の地域別生産量

(単位：万トン、%)

地区		米	小麦	トウモロコシ	大豆
東北	1980	427 (3.0)	499 (9.0)	1820 (29.1)	347 (43.7)
	1990	1004 (5.3)	794 (8.1)	3729 (38.5)	509 (46.3)
	2000	1866 (9.9)	330 (3.3)	2964 (28.0)	704 (45.7)
	2010	2945 (15.0)	263 (2.3)	6945 (39.2)	839 (55.6)
華北	1980	403 (2.9)	2227 (40.3)	2431 (38.8)	223 (28.1)
	1990	507 (2.8)	4663 (47.5)	3411 (35.2)	264 (24.0)
	2000	523 (2.8)	5646 (56.7)	3992 (37.7)	328 (21.3)
	2010	644 (3.3)	6685 (58.0)	6018 (34.0)	171 (11.3)
西北	1980	136 (1.0)	789 (14.3)	499 (8.0)	27 (3.3)
	1990	200 (1.1)	1372 (14.0)	689 (7.1)	43 (3.9)
	2000	224 (1.2)	1203 (12.1)	976 (9.2)	56 (3.6)
	2010	214 (1.1)	1386 (12.0)	1521 (8.6)	75 (5.0)
長江下流域	1980	3294 (23.5)	1005 (18.2)	197 (3.1)	97 (12.2)
	1990	4547 (24.0)	1638 (16.7)	394 (4.1)	113 (10.3)
	2000	4150 (22.1)	1583 (15.9)	480 (4.5)	189 (12.3)
	2010	3930 (20.1)	2259 (19.6)	546 (3.1)	194 (12.8)
長江中流域	1980	4169 (29.8)	300 (5.4)	109 (1.7)	37 (4.6)
	1990	5846 (30.9)	428 (4.4)	149 (1.5)	69 (6.2)
	2000	5382 (28.6)	265 (2.7)	350 (3.3)	115 (7.4)
	2010	5922 (30.3)	355 (3.1)	438 (2.5)	68 (4.5)
華南	1980	3302 (23.6)	49 (0.9)	118 (1.9)	29 (3.6)
	1990	3754 (19.8)	52 (0.5)	139 (1.4)	39 (3.5)
	2000	3433 (18.3)	18 (0.2)	277 (2.6)	77 (5.0)
	2010	2828 (14.4)	2 (0.0)	305 (1.7)	47 (3.1)
西南	1980	2262 (16.2)	652 (11.8)	1087 (17.4)	36 (4.5)
	1990	3075 (16.2)	876 (8.9)	1171 (12.1)	63 (5.8)
	2000	3213 (17.1)	920 (9.2)	1562 (14.7)	72 (4.7)
	2010	3093 (15.8)	569 (4.9)	1952 (11.0)	114 (7.6)
全国	1980	13991 (100)	5521 (100)	6260 (100)	794 (100)
	1990	18933 (100)	9823 (100)	9682 (100)	1100 (100)
	2000	18791 (100)	9964 (100)	10600 (100)	1541 (100)
	2010	19576 (100)	11518 (100)	17725 (100)	1509 (100)

注) 地域区分は次のとおりである。東北：内モンゴル、遼寧、吉林、黒龍江。華北：北京、天津、河北、山西、山東、河南。西北：陝西、甘粛、寧夏、青海、新疆。長江下流域：上海、江蘇、浙江、安徽。長江中流域：江西、湖北、湖南。華南：福建、広東、広西、海南。西南：重慶、四川、雲南、貴州、チベット。

出所：国家統計局農村社会経済調査司編［2009］、『中国統計年鑑1991, 2001, 2011』、『中国農村統計年鑑1991, 2001, 2011』より筆者作成。

あったが、近年、華南および長江下流の沿海地域における米生産が減少しつつあり、これに代わるものとして東北の米生産が増加している。小麦は、もともと華北の生産量が最も多いが、近年この地域への集中度が一層高まっており、東北および西南のウェイトは急速に低下している。なお、中国の小麦は大部分が冬小麦であり、春小麦は東北および西北の一部に限られる。トウモロコシと大豆は、もともと東北と華北への集中度が高いが、2000年代以降はとくに東北の生産の伸びが大きいといえる。

　結果として、米を除く三つの作物においては、特定地域への生産集中が進んでいる。交通の便がよく、大消費地への距離も近い華北への生産集中はあまり問題にならないが、辺境に位置し大消費地への距離が遠いのみならず、地形的に輸送上のボトルネックが生じやすい東北（とくに吉林省と黒龍江省）へのトウモロコシ生産や大豆生産の集中は、しばしばこの地域における食糧過剰問題を発生させ、食糧流通政策上の焦点となることも少なくない。

　中国政府は、現在、全国各省を食糧主産地（「糧食主産区」）、食糧主要消費地（「糧食主銷区」）およびその他に分け、食糧流通政策や農業保護政策の扱いに差を付けている。それまで基本的に全国一律であった食糧流通政策に、主産省と主要消費省による明確な違いがみられるようになったのは2000年代以降のことである。その背景には、急速な工業化および都市化の進展により、沿海部の主要消費省における食糧生産の縮小と食糧消費の増大が避けられない趨勢になったことがある。その分、主産省における食糧生産を安定的に増大させる必要があるが、農家にとって食糧生産の収益性が低く、地方政府にとっても食糧増産や食糧買付・保管の財政負担が重い状況ではそれも期待できないから、主産地を優遇する政策をとる必要があったのである。

　表2-7は、国家統計局の分類に基づき、全国31の一級行政区（省級行政区）を、食糧主産地（「糧食主産区」；13省・自治区）、食糧主要消費地（「糧食主銷区」；7省・直轄市）、その他地区（「其他地区」；11省・直轄市・自治区）に分け、5年ごとの人口、食糧生産量、米（籾ベース）生産量の推移をみたものである。食糧主産地と食糧主要消費地の分類基準は公表されていないが、食糧主産省・自治区に共通な特徴として、食糧の総生産量も人口1人当たり生産量も

表2-7 主産地および主要消費地の食糧生産動向

(単位:万人、万トン、％、kg/人)

		人口	総生産量 食糧	総生産量 米(籾)	1人当生産量 食糧	1人当生産量 米(籾)
主産地	1980	65697 (65.2)	22205 (69.3)	8481 (60.6)	338	129
	1985	67828 (64.9)	27439 (72.4)	10098 (63.7)	405	149
	1990	74080 (64.8)	32502 (72.8)	12548 (66.3)	439	169
	1995	77542 (64.0)	34470 (73.9)	12368 (66.8)	445	160
	2000	76471 (60.4)	32607 (70.6)	12401 (66.0)	426	162
	2005	76776 (58.7)	35443 (73.2)	12543 (69.5)	462	163
	2010	78245 (58.4)	41184 (75.4)	14202 (72.5)	526	182
主要消費地	1980	15291 (15.2)	4557 (14.2)	3648 (26.1)	298	239
	1985	15981 (15.3)	4728 (12.5)	3797 (23.9)	296	238
	1990	17521 (15.3)	5225 (11.7)	4102 (21.7)	298	234
	1995	18756 (15.5)	4965 (10.6)	3791 (20.5)	265	202
	2000	21634 (17.1)	4474 (9.7)	3358 (17.9)	207	155
	2005	22814 (17.4)	3416 (7.1)	2497 (13.8)	150	110
	2010	26013 (19.4)	3323 (6.1)	2457 (12.6)	128	95
その他	1980	19406 (19.2)	5294 (16.5)	1863 (13.3)	273	96
	1985	20299 (19.4)	5744 (15.2)	1962 (12.4)	283	97
	1990	22399 (19.6)	6897 (15.5)	2284 (12.1)	308	102
	1995	23965 (19.8)	7227 (15.5)	2365 (12.8)	302	99
	2000	28123 (22.2)	9136 (19.8)	3033 (16.1)	325	108
	2005	28733 (22.0)	9543 (19.7)	3019 (16.7)	332	105
	2010	29126 (21.7)	10140 (18.6)	2917 (14.9)	348	100

注1) 地域区分は次のとおりである。主産地(13省・自治区):河北、内モンゴル、遼寧、吉林、黒龍江、江蘇、安徽、江西、山東、河南、湖北、湖南、四川。主要消費地(7省・市):北京、天津、上海、浙江、福建、広東、海南。その他(11省・市・自治区):山西、広西、重慶、貴州、雲南、チベット、陝西、甘粛、青海、寧夏、新疆。
2) 1980年の人口は、第三次全国人口センサス(1982年7月)のデータで代用。
3) 現役軍人および常住地を確定できない人口は、全国人口には含まれるが省別人口には含まれないので、主産地・主要消費地・その他の人口を足しても100％にはならない。

出所:国家統計局農村社会経済調査司編[2009]、『中国統計年鑑(各年版)』より筆者作成。

大きいことを指摘できる[11]。寧夏回族自治区と新疆ウイグル自治区の2010年の人口1人当たり食糧生産量は500キロを超えるが、絶対的な食糧生産規模があまり大きくないためか、食糧主産地には分類されていない。このほか、食糧主産地の分類には、各省の潜在的な増産可能性の大小が考慮された可能性もある。食糧主要消費地の2010年の人口1人当たり食糧生産量は、最大の海南省でも

208キロ、全国最低の上海市はわずか51キロでしかない。食糧の不足量が大きく、将来的にも不足量の増加が予想される地域が主要消費地に分類されているのであろう。

　表2-7によれば、1980年当時はまだ、現在の主産地、主要消費地、その他地区の人口1人当たり食糧生産量に大きな違いがなく、各省が自給自足に近い状態にあったことが分かる。とくに、1人当たり米生産量については、主要消費地の数字が圧倒的に大きく、当時この地域（浙江省から海南省に至る沿海地域）が米の余剰地域であったことがみてとれる。しかしながら、主要消費地は、1990年代後半以降食糧生産量を急激に減少させている。並行して、この地区への人口集中も進んでいるため、2010年の1人当たり食糧生産量は1980年の半分以下の水準まで低下している。今では米も大量に不足している。

　これに対して、食糧主産地は2000年を除いて順調に食糧生産量を増やしている。主要消費地への人口流出が進んでいることもあり、1人当たり食糧生産量も大きく伸びている。主産地と主要消費地の間の需給アンバランスは一貫して拡大しており、食糧流通システムに与える負荷は増大している。その他地区も安定的に食糧生産量を増やしてきているが、この地区は人口増加率が比較的高いので、1人当たり生産量の伸びは主産地より、はるかに小さい。

---

11) 13食糧主産省・自治区は、2010年の省別食糧生産量の上位13と一致する。また、13食糧主産省・自治区の2010年の人口1人当たり食糧生産量は、すべて400キロを上まわる。ただし、2010年の全国平均の1人当たり食糧生産量は408キロであるから、400キロという水準はそれほど高いものではない。

第3章

統一買付制度の廃止と契約買付制度の導入

（1978～1985年）

第1節　統一買付統一販売制度の展開と問題

1. 統一買付統一販売制度の内容

　中国政府は、1953年11月、食糧および油糧作物・食用植物油に対する統一買付統一販売（「統購統銷」）制度を導入した[12]。食糧の統一買付統一販売制度の主要な内容は、以下の三点に整理できる。(1) 食糧生産農民は、政府が規定する品目・数量・価格に基づき、余剰食糧を政府に販売する（統一買付）。農業税および国家の統一買付以外の食糧は自由に処分してよい。(2) 都市住民と農村の食糧不足農家の自家用食糧および食品工業・飲食業などの必要食糧は、政府が計画的に販売（配給）する（統一販売）。(3) 食糧流通あるいは加工に携わる国営・公私合営・合作社経営のすべての商店・工場は、各地区の政府食糧部門の管理に帰する。食糧流通または加工に携わる個人経営のすべての商店・工場は、独自の活動を禁止され、政府食糧部門からの委託販売あるいは委託加

---

12)「統購統銷」は本来「計画収購計画供応」の略であり、正確には「計画買付計画供給（または計画配給）」と訳すべきであるが、わが国ではすでに「統一買付統一販売」という訳語が定着しているので、本書でも「統一買付統一販売」という用語を用いる。なお、チベット自治区では、この制度は導入されなかった。

工のみ許される（商業部商業経済研究所編著［1984: 54］、北京農業大学等編［1983: 255］）。

　食糧の統一買付統一販売制度は、1953年の導入以来、細部においてはしばしば変更が行われたが、政府が（一時期のごく一部を除いて）商品食糧を一元的に管理し、農民は（一時期のごく一部を除いて）余剰食糧のすべてを固定的な価格で政府に販売し、都市住民等の食糧需要者は（一時期のごく一部を除いて）必要な全量を政府からの配給に頼るという基本的な制度の性格は、1978年の中国共産党第11期中央委員会第3回全体会議（中共11期3中全会）まで変わらなかった。食糧の統一買付統一販売制度に代表される統制的な農産物流通システムは、集団農業システムとしての人民公社制度とともに、改革前の中国農業のあり方を規定する基本的な要素であった。

2．11期3中全会後の統一買付統一販売制度の展開と問題

　1978年12月の中共11期3中全会は、鄧小平体制の確立を決定づけるものであったが、農政上においても、その後の農村改革の骨格が打ち出された重要な会議として位置づけられる。

　この会議で採択された中共中央「農業発展を早める若干の問題についての決定（草案）」[13]のなかで、食糧の統一買付価格（「統購価格」）を1979年から20％引き上げること、統一買付任務達成後の買付に適用される超過買付価格は、引き上げ後の統一買付価格のさらに50％の割り増しとすること[14]、買付価格の引き上げ後も食糧配給価格は動かさないこと、食糧の「徴購」基数を1979年から全国で250万トン削減すること、一般に農村自由市場流通を奨励すること、などが提起された。なお、「徴購」とは、食糧統一買付と現物農業税を合わせた概念である。統一買付と現物農業税には対価が支払われるかどうかの違いはあるが、いずれも農民の供出任務であることには変わりがない。「徴購」基数と

---

13) この決定は、翌1979年9月の中共11期4中全会において正式に採択され、公表された。中共中央「関於加快農業発展若干問題的決定」（『中国農業年鑑1980』56-63頁）。

14) 超過買付部分に対する価格割増率はそれまで30％であった（商業部商業経済研究所編著［1984: 356］）。

34

表3-1 食糧の統一買付価格の引き上げ

(単位:元/原糧50kg)

品　　目	基準品質	1978年価格	1979年価格	引上率（％）
小　　麦	三　　等	13.61	16.48	21.09
インディカ稲	早稲三等	9.52	11.56	21.43
ジャポニカ稲	三　　等	12.46	14.86	19.26
ア　　ワ	中　　等	9.27	11.39	22.87
トウモロコシ	黄玉米二等	8.80	10.72	21.82
コウリャン	米高粱中等	8.75	10.41	18.97
大　　豆	黄豆三等	20.06	23.07	15.00
食糧平均		10.64	12.86	20.86

出所：戴編著［1982: 83］。
原資料：『市場』1979年10月15日。

は、統一買付基準数量と現物農業税基準数量の合計のことである。以下では、1979年以降の実際の食糧流通・価格政策の展開をみよう。

　第一に、各食糧品目の統一買付価格は、表3-1に示したように引き上げられ、これらの平均引き上げ率は20.86％に達した。1978年までの統一買付価格、超過買付価格、統一販売（配給）価格の相対水準は、統一買付価格＝統一販売価格＝100とすると、超過買付価格＝130の関係にあったが、1979年には統一販売価格＝100が固定されたまま、統一買付価格＝約120、超過買付価格＝約180（＝120.86×1.5=181.29）の関係になった。

　食糧の統一買付価格は、その後1980年に各品目の小幅な引き上げが行われたほかは、1984年まで大豆を除いてほぼ一定であった（表3-2参照）。大豆の統一買付価格は、1981年8月から50％引き上げられ、もとの超過買付価格の水準とされた。これにともない、大豆の超過買付制度はなくなった（許［1982: 291-292]）。

　第二に、1979年以降の食糧「徴購」基数の推移は表3-3のとおりであり、1982年まで一貫して削減されたのち、1982年から1984年までは「一定三年」（3年間固定する）政策により固定された。

　第三に、統一買付任務達成後の余剰食糧を対象とする協議買付協議販売に関する政策の動きをみよう。食糧の協議買付は1962年9月に開始され、1964年に

表3-2 食糧の統一買付価格指数と平均買付価格指数

(1978年=100)

年	統一買付価格指数						平均買付価格指数
	小麦	水稲	トウモロコシ	コウリャン	大豆	食糧全体	食糧全体
1978	100	100	100	100	100	100	100
1979	121.5	120.7	120.5	118.5	114.9	120.9	130.5
1980	121.7	120.8	120.7	118.6	117.9	121.1	140.8
1981	121.7	120.8	120.7	118.6	176.9	126.3	154.5
1982	121.7	120.8	120.7	118.6	177.0	126.3	160.4
1983	121.7	120.8	120.7	118.6	177.0	126.4	176.9
1984	n.a.	n.a.	n.a.	n.a.	n.a.	125.8	198.1

注)平均買付価格指数は、統一買付価格、超過買付価格、協議買付価格の加重平均。
出所:国家統計局貿易物価統計司編[1984: 403-404]、国務院農村発展研究中心国際聯絡部・農牧漁業部宣伝司編[1986: 54, 60]、『中国統計年鑑1986』635頁より筆者作成。

表3-3 食糧「徴購」基数とその達成率

(単位:貿易糧万トン)

年度	徴購基数	徴購達成数量	達成率(%)
1978	3775.0	3403.0	90.1
1979	3500.0	3309.8	94.6
1980	3432.7	2828.7	82.4
1981	3037.7	2688.6	88.5
1982	3031.8	2820.7	93.0
1983	3031.8	3031.8	100.0
1984	3031.8	2786.4	91.9

注)年度は食糧年度(当年4月~翌年3月)。
出所:中国糧食経済学会・中国糧食行業協会編著[2009: 454]より筆者作成。

食糧・油糧作物以外の協議買付が禁止されたのちも、細々とではあれ引き続き行われていた(商業部商業経済研究所編著[1984: 388])が、中共11期3中全会以降、本格的に展開されることになる。1979食糧年度の協議買付食糧は520万トンにのぼり、協議販売食糧は220万トンであった。協議買付食糧のうち、協議販売されない部分は、政府の財政補填により統一販売価格で供給された(いわゆる「議転平」)(許[1981: 221-222])。

第3章　統一買付制度の廃止と契約買付制度の導入

　1980年1月に中央政府の糧食部[15]が公布した「食糧および食用油脂油糧作物協議買付協議販売に関する試行方法」(「関於糧食和食用油脂油料議購議銷試行辦法」)、および同年5月、11月の国務院関係文書は、食糧の協議買付協議販売に関する原則的な規定を行った。その要点は、(1)各地区の政府食糧部門は、「徴購」および超過買付計画達成後、すみやかに食糧市場を開放し、積極的に協議買付協議販売を展開すること。生産隊(当時はまだ各戸請負制の施行前である)は、「徴購」および超過買付任務達成後、政府に協議買付価格で販売してもよいし、自由市場で販売してもよい。(2)協議買付の方式は、直接生産隊と協議して買い付けるのでも、自由市場に出まわる食糧を買い付けるのでもよい。(3)協議買付協議販売の価格原則は、高く買って高く売り、少し利潤を得るというものである。協議買付価格は、市況に従い、市場価格よりは少し安くなければならない。(4)協議販売食糧は、主に大中都市・工鉱業区・交通要路の飲食業の協議販売食品用、計画外工業原料用、規定により統一販売(配給)を行わない都市・農村用に提供される。(5)協議買付食糧の価格が超過買付価格並みかそれ以下のときは、国家の食糧収支計画に組み入れてもよい。政府が必要であれば、超過買付価格より高い協議買付価格による買付食糧の一部を、政府食糧収支をバランスさせるのに用いてもよい。協議買付価格で買い付けて統一販売価格で販売する場合(「議転平」)の逆ざやは、中央政府の認可によるものは中央財政が、省政府の認可によるものは省財政が負担する。(6)食糧の協議買付協議販売は、政府の食糧部門が統一的に経営せねばならず、その他の

[15) 糧食部は、食糧および油糧作物・植物油の流通(買付、加工、備蓄、輸送、販売)を所管する中央省庁である。糧食部は当初1952年に設立されたが、1970年に旧商業部、全国供銷合作総社、中央工商行政管理局と合併して商業部となった。その後、1979年にいったん商業部から分離独立したが、1982年に再び商業部に吸収された。商業部は、その後1993年に国内貿易部と改称され、1998年には国家国内貿易局に降格された(その後廃止)。食糧行政は、1982年以降商業部、1993年以降国内貿易部の所管とされたが、1998年以降は国家発展計画委員会(2003年に国家発展改革委員会に改組)の所管とされている。1991年に中央備蓄食糧を管理する政府部局として設立された国家食糧備蓄局(「国家糧食儲備局」)の所属も、商業部、国内貿易部、国家発展計画委員会と推移し、2000年に国家食糧備蓄局を改組して設立された国家糧食局も、国家発展計画委員会(のちに国家発展改革委員会)の管理下に置かれている。

表3-4 食糧政府買付の内訳（1978〜1984年）

(単位：貿易糧万トン、%)

年度	合計	徴購	超過買付等	協議買付
1978	5110.0	3403.0 (66.6)	1380.0 (27.0)	327.0 (6.4)
1979	5925.0	3309.8 (55.9)	2090.9 (35.3)	524.3 (8.8)
1980	5882.1	2828.7 (48.1)	2194.1 (37.3)	859.3 (14.6)
1981	6255.5	2688.6 (43.0)	2521.3 (40.3)	1045.6 (16.7)
1982	7367.5	2820.7 (38.3)	2798.8 (38.0)	1748.0 (23.7)
1983	9879.4	3031.8 (30.7)	6091.2 (61.7)	756.4 (7.7)
1984	11166.0	2786.4 (25.0)	7449.3 (66.7)	930.3 (8.3)

注1）国営食糧部門の買付。
　2）年度は食糧年度（当年4月〜翌年3月）。
出所：中国糧食経済学会・中国糧食行業協会編著［2009: 454］より筆者作成。

いかなる部門あるいは単位も参入してはならない、というものであった（許［1981: 221-222］）。

改革後の食糧増産にともない政府の食糧買付量は増大したが、「徴購」基数の引き下げと様々な理由[16]による「徴購」計画達成率の低下（表3-3参照）により、現物農業税を含む食糧統一買付量は減少した。この結果、表3-4に示したように、国家買付に占める統一買付の割合が急速に低下する一方で、超過買付と協議買付の割合が上昇した。国家買付に占める、超過買付や協議買付という、統一買付より割高な価格による買付の比率が高まるにつれて、統一買付価格自体は据え置かれているにもかかわらず、国の平均的な食糧買付価格が急速に上昇していく様子は、前掲表3-2に明らかである。

最後に、食糧の自由市場流通をめぐる政策の動向をみよう。1979年4月に国務院が承認した工商行政管理総局「全国工商行政管理局長会議に関する報告」[17]は、生産者が「徴購」任務を達成した後に自由市場で食糧を販売することを、文化大革命期以降初めて正式に許可した。ただし、この時点では、地区

16）たとえば「『徴購基数』をすでに達成した生産隊、生産小組、請負農家の名義を用いて超過買付価格で売る」（石原［1985: 59］）など。

17）工商行政管理総局「関於全国工商行政管理局長会議的報告」（商業部商業経済研究所編著［1984: 374］）。

表3-5 商品食糧に占める政府買付の割合

(単位：貿易糧万トン、％)

年度	商品食糧	政府買付	その他
1978	5371.4	5110.2 (95.1)	261.2 (4.9)
1979	6262.7	5925.0 (94.6)	337.7 (5.4)
1980	6350.6	5882.1 (92.6)	468.5 (7.4)
1981	6829.9	6255.5 (91.6)	574.4 (8.4)
1982	7991.8	7367.5 (92.2)	624.3 (7.8)
1983	10427.4	9879.6 (94.7)	547.8 (5.3)
1984	12327.0	11165.9 (90.6)	1161.1 (9.4)
1985	10060.7	7925.0 (78.8)	2135.7 (21.2)
1986	11710.2	9453.3 (80.7)	2256.9 (19.3)

注1）国営食糧部門の買付。
 2）年度は食糧年度（当年4月〜翌年3月）。
 3）『中国統計年鑑1997』記載の商品食糧は「原糧」表示であるが、換算係数0.87を用いて「貿易糧」に直した。
出所：『中国統計年鑑1997』570頁、『中国糧食発展報告2004』111頁より筆者作成。

外への販売はなお禁止されていた。その後、1983年1月の商業部「食糧・油糧作物の統一買付任務達成後に多ルート経営を実施する若干の問題に関する試行規定」[18]で、統一買付任務達成後の食糧の多ルートな流通経営、すなわち農民個人のみならず供銷合作社（直訳すれば「購買販売協同組合」であるが、実態は国営企業に近い。農産物や農業生産資材の流通を担当する）やその他商業組織の食糧流通への参入が許可されるとともに、県や省を超えた輸送・販売も正式に許されることになった。さらに、1984年からは、その年の国の買付が開始されると同時に、すなわち統一買付任務達成以前に食糧市場が開放され、多様な流通組織が市場に参入してよいことになった（丁［1984: 33］）。食糧流通に関する統制が緩和され、多ルート流通が奨励されるのにともない、政府（国営食糧部門）買付の割合が低下し、国営食糧部門以外の組織による食糧買付や農民の自由市場における食糧販売の割合が上昇していく様子は、表3-5に示し

18）商業部「開於完成糧油統購任務後実行多渠道経営若干問題的試行規定」（『中国農民報』1983年2月6日）。

たとおりである。

なお、1984年7月に国務院が承認した国家体制改革委員会・商業部・農牧漁業部「農村商品流通工作を一層立派に行うことに関する報告」[19]により、統一買付を行う食糧品目は米・小麦・トウモロコシに限定された。これにより、大豆、イモ類およびコウリャン・アワ等の雑穀・雑豆の政府への販売義務はなくなり、これらの食糧品目の流通は民間業者または国営食糧部門の協議買付に委ねられた。

3. 統一買付制度の改革を必然化した要因

以上にみてきたような、農民にとって有利な食糧流通・価格政策の調整や、各戸請負制の普及により、改革後とくに1982年以降、食糧生産の急激な増大がもたらされた。すなわち、1981年に3億2502万トンであった食糧生産量は、1982年から1984年にかけて3億5450万トン、3億8728万トン、4億731万トンと増大した。各年の増産幅は約2900万トン、3300万トン、2000万トンに達し、わずか3年間で約8200万トンもの食糧増産が生じたことになる。この間の食糧消費の伸びは、食糧生産の伸びをはるかに下まわり、国家統計局の非公式推計によれば、1983年には単年で3200万トン、1984年には同じく4300万トンもの供給過剰があった（葉［1999: 65］）。

こうした超過供給の一部は農家在庫の増大にまわるにしても、政府の無制限買付を基本原則とする統一買付制度のもとで、残りの大部分は政府在庫の増大をもたらすであろう。そこで、政府の食糧収支の動向をみたのが表3-6である。それによれば、1982年から1984年にかけて、政府の食糧買付が激増したが、食糧貿易は食糧不足時代の慣性からすぐには抜け出せず、1984年まで輸入超過の状態が続いた。この結果、食糧販売も増大した（とくに1984年の増大が大きい）ものの、1982～1984年の政府食糧収支はそれぞれ約1200万トン、3100万トン、1500万トンの買入超過となった。一定の流通在庫の必要性と貯蔵施設の劣

---

19) 国家体制改革委員会・商業部、農牧漁業部「開於進一歩做好農村商品流通工作的報告」（『人民日報』1984年7月25日）。

表3-6 政府の食糧収支（1978〜1986年）

（単位：貿易糧万トン）

年度	政府買付	輸入	輸出	政府販売	収支
1978	5110.2	883.2	187.5	5343.5	462.4
1979	5925.0	1235.5	165.0	5679.1	1316.4
1980	5882.1	1342.9	162.0	6416.8	646.2
1981	6255.5	1481.0	105.7	7223.3	407.5
1982	7367.5	1615.2	91.3	7710.4	1181.0
1983	9879.6	1352.9	130.5	8003.2	3098.8
1984	11165.9	1041.3	332.2	10417.9	1457.1
1985	7925.0	600.4	972.5	8564.9	−1012.0
1986	9453.3	773.1	982.7	9347.7	−104.0

注1）政府買付および政府販売は、国営食糧部門の買付と販売を指す。
　2）年度は食糧年度（当年4月〜翌年3月）。
　3）当時の食糧貿易は国家貿易のみ。
出所：『中国糧食発展報告2004』111〜114頁より筆者作成。

悪さによる在庫中の損耗を考慮しても、この3年間に過剰な食糧在庫が形成されたことは明らかである。

　国営食糧部門の食糧倉庫の容量は、1979年末に8500万トン余りだったものが、1983年末に1億トン余りに増大したとはいえ、この間の供給量の増大と比べると全く不十分であったうえに、倉庫の地域配置がはなはだしく不適切であった。それゆえ、1983年および1984年には、全国各地で農家の「食糧販売難」と政府の「食糧貯蔵難」が深刻となった。1984年11月現在、全国で2500万〜3000万トンの食糧が野積みの状態にあり、この時期には一部の地方で、一定の保管料の支払いを受けて農民が政府に代わって食糧を保管すること（「民代国儲」）すら行われたという（『人民日報』1984年11月21日）。

　省を単位とした食糧移出入の状況から食糧需給バランスの緩和をみると、全国の食糧移出省は1982年に10省だったのが1983年には18省に増え、移出量は160万トンから1500万トン余りに激増している。他方、食糧移入省はこの間に18省から10省に減り、しかも、これらの省の移入需要量は移出省の余剰量に比べてはるかに小さかった（戴・鄧［1985: 51］）。

　以上、いくつかの側面からみた1983〜1984年の食糧過剰が、1985年の買付制

表3-7　国営食糧部門に対する財政補填（1977～1986年）

(単位：億元、%)

年	逆ざや補填	その他	合計 (1)	国家財政支出総額 (2)	割合(%) (1)／(2)
1977	11.08	0	11.08	843.53	1.3
1978	11.97	0	11.97	1122.09	1.1
1979	56.64	0	56.64	1281.79	4.4
1980	81.40	0.44	81.84	1228.83	6.7
1981	106.67	0	106.67	1138.41	9.4
1982	119.81	0	119.81	1229.98	9.7
1983	144.75	0	144.75	1409.52	10.3
1984	187.87	56.53	244.40	1701.02	14.4
1985	153.82	48.66	202.48	2004.25	10.1
1986	142.29	65.01	207.30	2204.91	9.4

出所：商業部商業経済研究所編著［1984: 521］（1977～1978年）、中国糧食経済学会・中国糧食行業協会編著［2009: 456］（1979～1986年）、『中国統計年鑑1998』269頁（財政支出総額）より筆者作成。

度改革を必然化した第一の要因である。すなわち、食糧需給不均衡の深刻化は、何らかの生産抑制的な買付制度の改革を不可避とした。

　食糧統一買付制度の改革を必然化した第二の要因は、1983～1984年の食糧増産と密接に関係することであるが、政府の食糧買付の増大にともなう財政支出の増大である。表3-7に示したように、食糧部門に対する逆ざや補填は1978年以前にも存在したのであるが、その中味は約10億元程度で安定した超過買付のプレミアム支出だけであり、補填総額は1979年以降と比べると僅かなものでしかなかった。ところが、1979年に統一買付価格を引き上げたことによって、超過買付部分のみならず、すべての政府食糧売買が逆ざやとなった。さらに、その後の政府買付量の増大、および超過買付等の割高な買付の増加による単位買付量当たり逆ざや額の拡大[20]により、食糧管理財政の赤字は雪だるま式に増大することになった。1984年の食糧部門に対する財政補填額は244.4億元に達

[20] 食糧1キロの売買にともなう財政補填額は、平均で1979年の0.136元から1983年の0.228元に拡大した（紀［1984: 50］）。

したが、これは同年の国家財政支出総額の14.4％に相当する巨大な金額である。なお、表中の「その他」は主に、適正水準を超えた回転在庫（「周転庫存」）の保管に関わる費用である。

このように、売買逆ざやを前提にして無制限買付を行う限り、生産量の増大にともない財政支出が増大することは避けられない。財政支出の膨張を抑えるためには、買付価格の引き下げまたは国家買付量の削減をともなう、何らかの買付制度改革が不可避となったのである。

以上の二つの要因、すなわち食糧の深刻な過剰、および逆ざやにともなう国家財政支出の増大が、1985年における統一買付制度の改革を必然化したと考えられる。

第2節　契約買付制度の導入——1985年の食糧流通・価格改革——

1．農産物の流通・価格改革の概要

1985年の農業政策の大綱を規定する、中共中央・国務院「農村経済の一層の活性化に関する10項の政策」（1985年1号文書）[21]は、同年から少数の品目を除いて、農民に対する農産物の統一買付・割当買付任務を廃止し、契約買付または市場買付を行うとした。それによれば、食糧と綿花の統一買付は廃止され、契約買付に改められることになった。また、契約買付以外の食糧は、自由に市場で取引してよいとされた。また、集団林区の木材の統一買付も廃止され、木材市場は自由化されることになった。

なお、油糧作物・植物油については、これに先立つ1983年に統一買付が廃止されている。1983年以降の油糧作物・植物油の買付方式は、1985年に導入された食糧契約買付の方式と同じであるが、当初は比例価格計画買付（「比例価計画収購」）と呼ばれており、この買付方式を正式に契約買付（「合同定購」）と

---

21) 中共中央・国務院「関於進一歩活躍農村経済的十項政策」（『人民日報』1985年3月25日）。

呼ぶようになったのは、1987年のことである（『中国商業年鑑1988』55-57頁）。

また、1985年1号文書は、豚・水産物および大中都市・工鉱業地区の野菜[22]については、徐々に割当買付を廃止し、自由出荷・自由取引を行い、市場の実勢で品質に応じて価格を決定するとした。その他の割当買付農産物についても、品目・地区ごとに徐々に自由化するとしている。また、従来割当買付の対象であった漢方薬原料も、自然資源の保護のために規制すべき少数の品目を除いて、自由に売買してよいことにされた[23]。

次に、流通機構に関する規定をみると、統一買付・割当買付の廃止以降、農産物ごとの取り扱い流通機関の制限を解除し、流通ルートを多様化するとされた。すなわち、従来の国営商業部門または供銷合作社による各農産物の独占的流通を否定し、各種の集団所有制流通企業および個人商業者の流通過程への参入を奨励するとともに、国営商業部門の内部における品目ごとの縦割り経営をも否定するものである。

こうした規定が出されたのは、決してこのときが初めてではなく、食糧については1983年に正式に多ルート流通が認められているが、統制的な国家買付が緩和されるなかで、流通への参入自由化が強調されたことの意義は大きいであろう。豚・水産物・野菜については、流通自由化後も国営商業部門が積極的に流通経営を行い、市場調整に関与することが求められたが、実際には表3-8に示したように、割当買付が廃止されたことによって、ほかの多様な流通機関との競争に敗れ、シェアを低下させている[24]。

2. 契約買付制度の内容（1）——買付契約の締結方法——

契約買付（正式には「合同定購」、一般には単に「定購」）とは、政府の食糧

---

[22] 大中都市・工鉱業地区以外の野菜は、すでに1983年10月に自由化されていた。また、水産物についても、1984年以前から徐々に割当買付の対象品目は減らされてきていた。

[23] タマゴは、これより1年早く1984年に割当買付が廃止され、流通が自由化された（国家体制改革委員会・商業部・農牧漁業部「関於進一歩做好農村商品流通工作的報告」『人民日報』1984年7月25日）。

[24] 1985年の農産物流通・価格改革について、詳しくは池上［1986］参照。

表3-8　農産物買付に占める政府買付の割合

(単位：％)

年	食糧	食用植物油	綿花	豚	タマゴ	水産物
1978	100.0	99.5	99.9	99.2	98.5	98.6
1979	95.8	97.0	99.7	96.0	84.7	90.9
1980	93.1	96.9	99.9	94.0	76.8	85.9
1981	92.4	97.6	100.0	91.1	71.2	76.0
1982	92.4	95.1	99.9	89.6	68.2	74.9
1983	94.4	93.6	100.0	88.1	64.8	71.1
1984	91.7	89.8	99.3	80.1	57.0	53.1
1985	84.2	92.2	97.8	52.3	33.1	39.0
1986	83.5	86.6	87.5	52.1	29.6	37.1

注）政府買付は国営商業部門（国営食糧部門を含む）および供銷合作社買付の合計。
出所：国家統計局貿易物価統計司編［1984: 156, 157, 159, 190］、『中国統計年鑑1986』540, 545, 547頁、『中国統計年鑑1987』568, 573, 575頁より筆者作成。

部門と農家とが、播種季節前に、その年に買い付ける食糧品目の数量、価格および基準品質に関する契約を結び、この契約に従って収穫後に買い入れる方式を指す。契約を締結するのは、少なくとも形式的には（すなわち契約書の上では）、郷鎮レベルに存在する国営食糧部門の末端買付機関である食糧ステーション（「糧站」）等[25]と、農家などの生産単位である。しかし、このことは、必ずしも食糧ステーションと農家等との間に契約の内容をめぐる交渉があることを意味しない。

徐・門［1985: 5］によれば、契約買付制度の導入当時、買付契約の締結の方法をめぐり、(1) 食糧部門が直接農家と契約を結ぶ、(2) 各地に配分された契約買付指標に基づき、行政命令により順次レベルをおって契約を結び、最終的に農家に下ろす、という二つの意見があった。徐・門は、(1) 契約制度は農

---

[25] 食糧部門の末端買付機関の名称は地域によって異なっており、食糧管理所（「糧管所」）あるいは食糧倉庫（「糧庫」）などと呼ぶところもある。

民の自主経営と国家の計画指導とが結合した形式であり、食糧部門が国家の契約買付計画に照らして農民と契約締結の相談をすることが、相互の情報伝達過程となる、(2) 契約買付の実行に際しては、売買双方が直接対面し、農民は対等な法人的立場で食糧部門と契約を結び、いかなる外部の意思の関与も受けない、という契約買付制度の理念に関わる二つの理由をあげて、第一の意見を支持している。契約買付の締結の方式をめぐる当時の公式見解は、ほぼ徐・門に代表されるといってよい。

しかしながら、Oi［1986］が、各地の事例を整理して分析しているところによれば、買付契約の割当において、末端幹部はきわめて重要な役割を果たしており、農民の判断の余地はほとんどない。一般に、契約買付の割当数量は省―地区―県を経て郷・鎮に下ろされる。郷・鎮政府は、(より上級の行政機関がしたのと同じように) 前年の生産実績・販売実績等を考慮して、これを各村（村民委員会）に配分する[26]。村は、これを直接農家に配分するか、村民小組（一般に人民公社時代の生産隊に相当）に配分して農家間の調整に当たらせるかしたのである。

Oiが分析した、実際の契約買付の締結方式は、徐・門が整理した第二の意見の方式によく似ている。徐・門は、この第二の方式を批判して、行政関係によって買付契約を下ろすと、売買双方が対面せず、情報の伝達が遅れるのみならず、行政指令的要素がそのなかに混ざり、表面的には経済契約の形式であっても、実質的には行政指令となり、指導的機能を果たさないのみならず、契約の意義を失うかもしれないと述べていた（徐・門［1985: 5］）が、契約買付のその後の展開は、彼らの批判のとおりになったといってよい。

3. 契約買付制度の内容 (2) ——契約買付の対象品目と契約数量——

契約買付の対象となる食糧品目は、米・小麦・トウモロコシと主産地（黒龍江、吉林、遼寧、内モンゴル、安徽、河南の6省・自治区）の大豆である。た

---

26) 当時の中国の地方行政区分は、一般に省・自治区―地区―県―郷・鎮の四級であった。村（村民委員会）は、憲法上の規定では農民の自治組織であるが、実際には郷鎮政府の下請機関的な性格が強い。一般に人民公社時代の生産大隊がこれに相当する。

だし、中央政府が統一的に規定する以外の品目についても、その地域の主要な食糧であり、公定価格で都市住民等に配給する必要のあるものは、省政府が中央政府の定めた契約買付数量の枠内に割り振ってもよいとされた（『農民日報』1985年3月30日）。たとえば、黒龍江省はトウモロコシの契約買付枠の10万トンをアワの買付に振り向けた（『農民日報』1985年3月19日）。

1985食糧年度（1985年4月～1986年3月）の食糧契約買付の総量は「貿易糧」単位で7900万トンとされ、契約買付以外の食糧は生産者が自由に販売してもよいとされた（高［1990b: 901］）。

7900万トンという契約買付量が、前年度の食糧商品化量や政府買付量と比べて、どの程度の大きさに当たるのかを検討してみよう。まず、1984食糧年度の食糧商品化量は「原糧」で1億4169万トンであるが、これを0.87という換算係数を用いて「貿易糧」に直すと、1億2327万トンという数字を得られる[27]。契約買付量は、これに対しては、わずか64.1％に相当するにすぎない。次に、1984年度の国営食糧部門買付総量は「貿易糧」タームで1億1165.9万トンであり、1985年度の契約買付量はこれに対しても70.8％に相当するにすぎない。また、1984年度の政府買付量のうち統一買付と超過買付を合計すると「貿易糧」タームで1億148.5万トンであった（中国糧食経済学会・中国糧食行業協会編著［2009: 454］）から、契約買付は制度的にこれらに代わる買付でありながら、数量的には2200万トン以上も少ないことになる。しかも、高［1990b: 901］によれば、中央政府は当初これを7500万トンにすることを考えていたが、より多くの買付（全国で9000万トン以上）を求める地方政府の反対にあって、7900万トンに増やしたとのことである。このように、契約買付制度の導入は、明確に政府の計画買付数量の削減と、自由流通ないし国営食糧部門の計画外買付（協議買付）数量の増大を意図したものといえる。

---

[27]　『中国統計年鑑』では、1986～1988年度の3カ年についてのみ、「原糧」表示と「貿易糧」表示の食糧生産量の数字を得られる。この3カ年につき、「原糧」から「貿易糧」への換算率を計算すると、いずれの年度も0.87であった。もちろん、生産量と商品化量とでは、各食糧品目の構成比が異なる可能性もあるが、本稿では0.87を便宜的にこの時代の「原糧」から「貿易糧」への換算係数として用いる。

4. 契約買付制度の内容（3）――契約買付の価格水準――

　契約買付価格は、「逆三七」（原語は「倒三七」）すなわち旧統一買付価格 3、旧超過買付価格 7 の比率で加重平均した価格（これを「逆三七」比例価格という）とされ、契約買付全体に一律にこの価格が適用されることになった。旧超過買付価格は旧統一買付価格の50％増しであったから、契約買付価格は旧統一買付価格の35％増しの水準に相当する（100×0.3＋150×0.7＝135）。

　なお、各省・直轄市・自治区は、「逆三七」比例価格の総水準を超えない範囲で、あるいは超える場合には差額を地方財政で負担するならば、良質の食糧品目の価格を高くし、逆に劣質な食糧品目の価格を安くしてもよいとされた（『農民日報』1985年3月30日）。たとえば、黒龍江省では、水稲作を奨励するために、水稲の買付価格を独自に「逆二八」（旧統一買付価格の40％増し）と定め、そのために必要な差額を省財政から支出することにした（『農民日報』1985年3月19日）。

　また、1985年1号文書によれば、市場食糧価格が旧統一買付価格より低い場合には、政府が旧統一買付価格で無制限に買い入れるという規定も設けられていた。この価格を「保護価格」と称する。

　契約買付価格および「保護価格」の持つ意味について考えてみよう。表3-9は、1980～1989年の国営食糧部門の食糧平均販売価格、統一買付価格、超過買付価格（1984年まで）、契約買付価格（1985年以降）と食糧市場価格を示したものである。また、図3-1は、表3-9の内容（ただし統一買付価格は1984年まで）を図示したものである。それによれば、食糧市場価格は、1983年には超過買付価格の水準を下まわり、1984～1985年には1985年の契約買付価格の水準より顕著に低くなっている。当時発表された論文（安［1985: 24］）にも、食糧市場価格は1979年以降ほぼ一貫して低下し、1983年には多くの地方の市場価格はその地域の超過買付価格の水準を下まわったという記述がある。さらに、安［1985: 24］や当時の新聞報道は、1984年末から1985年春にかけて、市場価格は一般に契約買付価格の水準を下まわったとも指摘している[28]。その意味では、第一に、1985年の契約買付価格水準の設定は、1984年末ないし1985年初めの市

第3章　統一買付制度の廃止と契約買付制度の導入

表3-9　食糧の政府買付販売価格と市場価格

(単位:元/貿易糧50kg)

年	政府平均販売価格	統一買付価格 (1)	超過買付価格 (1)×1.5	契約買付価格 (1)×1.35	市場価格
1980	12.79	18.84	28.26		30.07
1981	12.66	19.53	29.30		30.36
1982	12.72	19.95	29.92		31.07
1983	12.93	20.63	30.95		28.77
1984	12.98	21.09	31.63		25.65
1985	14.51	21.90		29.57	26.08
1986	14.71	21.96		29.65	29.59
1987	15.13	22.41		30.25	33.08
1988	15.32	23.11		31.20	40.52
1989	16.05	26.73		36.09	56.29

注1) いずれも米、小麦、トウモロコシ、大豆の加重平均。
　2) 政府平均販売価格は統一販売価格と協議販売価格の加重平均。
　3) 1985年以降の統一買付価格は、契約買付価格の決定や内部精算の際の基準価格。
出所:中国糧食経済学会・中国糧食行業協会編著［2009:359-360］より筆者作成。

場価格の水準と比較すれば、決して低くなかったということができる。

　しかしながら、第二に、1985年の契約買付価格の水準に関して最も重要な点は、それが旧超過買付価格の水準より10％低い（$(150-135)\div150=0.1$）ということにある。図3-2は、農家が限界費用MC＝限界収益MR（＝価格p）の点まで市場供給を行うとして、農家の1984年と1985年の食糧供給行動を図示したものである。1984年までの政府買付制度において、統一買付価格が適用されるのは、販売の最初の小さな部分にすぎず、農家の供給行動が決定される局面に

---

28) 安［1985:28］に、「現在、一般に食糧と綿花の市場価格は、政府が決定した1985年の全国買付価格（契約買付価格を指す―引用者）より低い」とある。この場合の「現在」は1985年の春か夏を指すと考えられる。また、地域的な事例ではあるが、湖北省孝感地区では、1984年末の米の市場価格は1982年より30％低い0.42〜0.44元/キロであり、これは超過買付価格水準（0.54元/キロ）のみならず、契約買付価格水準（0.45元/キロ）より低かったという（『人民日報』1986年6月2日）。

図 3-1　食糧の政府買付販売価格と市場価格

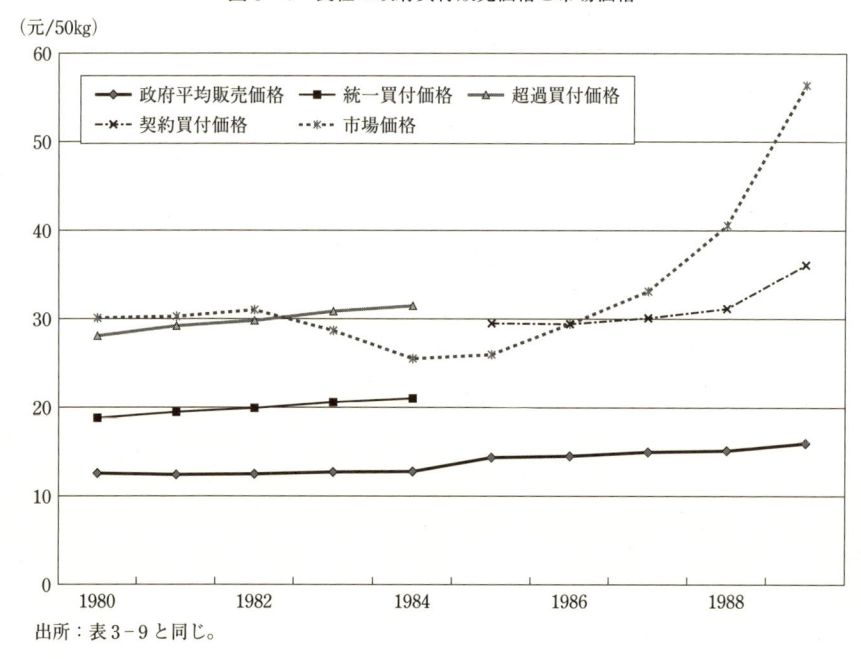

（元/50kg）

凡例：
- 政府平均販売価格
- 統一買付価格
- 超過買付価格
- 契約買付価格
- 市場価格

出所：表3-9と同じ。

おける価格は、超過買付価格であったと考えられる。これより10％低い契約買付価格の導入は、他の条件を一定として[29]、農家の市場供給量をQ_{84}からQ_{85}へ減らすであろう。

また、1984年までの政府買付が無制限買付を原則としていたのに対して、契約買付は制限買付を行うとしていたから、農家が契約達成後の食糧を自由市場で販売することを前提に供給行動を決定する、というモデルを想定することもできる。この場合、1984年末以降の自由市場価格は契約買付価格水準以下まで低下していたから、農家は市場供給量をさらにQ_{85}'まで減らすと考えられる。いうまでもなく、このモデルは市場供給量が契約買付価格によってではなく、

---

[29] 実際には、1985年には農業生産財価格の上昇による、限界費用曲線の上方へのシフトもあった。したがって、農家の最適生産量は、図示したよりさらに少なくなる。ただし、政策当局がこのことを事前に予想していたとは考えにくい。

第3章　統一買付制度の廃止と契約買付制度の導入

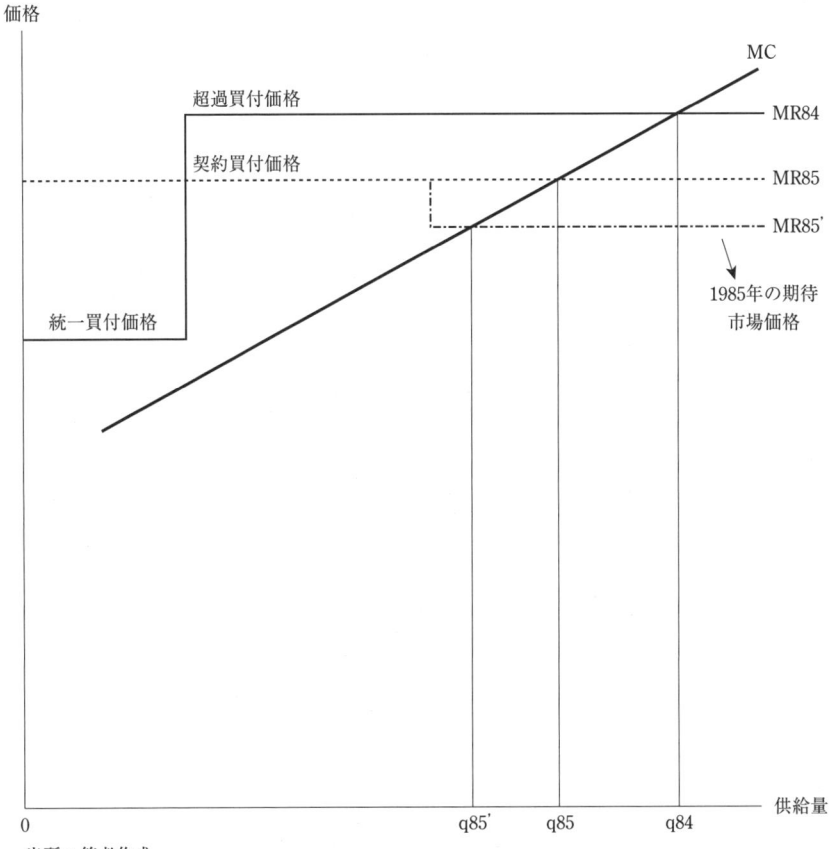

図3-2　農家の食糧供給行動

価格軸上のラベル：超過買付価格、契約買付価格、統一買付価格、MC、MR84、MR85、MR85'（1985年の期待市場価格）

供給量軸上のラベル：q85'、q85、q84

出所：筆者作成。

自由市場価格によって決定されることを含意している。

　農家の食糧供給行動に関する上述の二つのモデルのうち、後者のモデルは前者に比べて明らかに合理的ではあるが、1985年の農家の食糧供給行動の説明として、前者より現実的であるとは限らない。なぜなら、30年以上続いた政府の無制限買付に慣れ親しんだ農民が、政府買付の制限という政策の変更をただちに理解するとは考えにくいからである。いずれのモデルが正しいにせよ、1985年の契約買付制度の運用は、価格水準からみて、明らかに農家の食糧供給量の

削減を意図したものだといえる。

　第三に、旧統一買付価格を「保護価格」に設定したことについては、後述するように1985年の出来秋以降自由市場価格が高騰したために、実際には何ら実質的な意味を持ち得なかったのではあるが、契約買付政策の決定された1984年末の時点においては、重要な意味があった。なぜなら、この時点では1985年の生産状況の予測はつかないから、1984年並み、ないしそれ以上の豊作が生じた際に、自由市場価格の一層の下落が生じ、場合によっては旧統一買付価格の水準すら下まわる事態が発生するかもしれないと考えることはきわめて自然であり、「保護価格」の設定は、こうした事態を想定しつつ、最低支持価格水準を提示したものとみることができるからである。

　なお、1985年の契約買付数量の配分に際しては、商品食糧主産地を重視し、とくに食糧専業村あるいは食糧専業戸に厚くし、これとは逆に、都市近郊地区や経済発展地区には配分を少なくするか、あるいは全く配分を行わなくてもよいとされた（『農民日報』1985年3月30日）。このことは、1984年末の市場価格の水準が契約買付価格の水準を下まわっていたことを踏まえるならば、食糧適作地に契約買付枠を多く配分することによって、そうした地域での食糧生産を奨励するとともに、他の作目選択や就業機会がある地域での食糧生産を抑制しようとするものと理解できる。これを図3-2のうえで説明するならば、食糧主産地では農家のMC＝MRとなる価格を契約買付価格とし、都市近郊地区等ではこれを自由市場価格とするということである[30]。

5. 統一販売（計画配給）制度の堅持

　1985年の食糧買付制度改革を論ずる際に見落としてはならない重要な事実は、統一買付統一販売（「統購統銷」）制度のうち、統一買付（「統購」）は廃止されたが、本来それと一体をなすはずの統一販売（「統銷」）が存続させられたことである。

---

[30] 契約買付数量の地域配分基準は1986年以降逆転し、食糧主産地への配分が減らされることになるが、このことは市場価格と契約買付価格の価格関係が逆転したことに関係している。

食糧の統一販売（計画配給）とは、政府が用途を規定した範囲の食糧については、低価格での一定量の配給を保証する制度である。政府が統一販売する食糧の範囲は、もともと非農業人口の主食用、軍需用、飲食業・宿泊業・菓子製造業・副食品業・醸造業の各営業用、特定の飼料用、各種奨励販売（「奨売」）用、非食糧経営農家（たとえば野菜農家）の主食用、災害救済用など20数項目に及んだ。このうち非農業人口の主食用と軍需用で60％余りを占めた（申［1987: 47］）。

1985年には、このうちアルコール・溶剤・薬品・糊剤・化学調味料・澱粉などの工業原料用の食糧が一律に計画配給からはずされ（酒造用は1984年から）、非食糧農産物の買付に対する食糧の奨励販売（統一販売価格での販売）制度も、糖料作物を除いてすべて廃止されたものの、統一販売制度の根幹には手がつけられなかった（劉［1987: 23］）。1985年の統一販売食糧は、これらの項目の削減にもかかわらず、7500万トン以上に達した（段［1986: 38］）。

1985年の食糧統一販売の実績と食糧契約買付の計画数量とはほぼ一致しているが、これは、低価格での供給を保証しなければならない統一販売食糧の数量に基づいて契約買付の数量が決定されたことを示唆している。これを傍証するものとして、「配給量を以て買付量を定める」という考え方が1984年の丁声俊論文（丁［1984: 34］）にみられる。彼はここで（統一販売量の削減を前提にして）政府が1年間に計画的に買い付ける食糧を7000万〜7500万トンに削減するべきだと主張している[31]。契約買付の数量が統一販売の数量によって規定されるという関係がある以上、契約買付における「契約」の自由は制限されざるを得ないであろう。

6. まとめ

以上の食糧契約買付制度に関する分析から導かれる結論は、次のとおりであ

---

31) 丁［2011: 89］によれば、この論文は全国政治協商会議の「食糧形勢と流通改革に関する座談会」における、丁声俊の発言原稿を基にしている。丁声俊は当時商業部（1982年に旧糧食部等を統合して成立）商業経済研究所の研究員であったから、この発言は当時の政策理念を反映していると考えられる。

る。第一に、1985年の食糧契約買付制度の導入は、同年の農産物流通市場化改革の一環として理解すべきである。第二に、それにもかかわらず、食糧流通に対する市場化の程度は、契約買付が事実上固定価格による政府の計画的な買付であること、および統一販売制度を存続させたことに表れているように、他の農産物に比べてはるかに微温的である。第三に、1年目の食糧契約買付制度の運用は、食糧の過剰と財政支出の増大という要因に規定されて、生産抑制および政府買付の削減が意図されていた。第四に、食糧の契約買付制度の導入が限定的にせよ食糧流通の市場化としての性格を持つのは、国営食糧部門が農家との「契約」に基づいて買い付けるという制度の形式においてではなく、契約買付価格水準の決定の際に価格による供給量の調整が意図されていた点、および契約買付数量を商品食糧の一部に限定することによって残余の流通を市場メカニズムに委ねようとした点においてである。

第3節　契約買付制度の実施状況
―― 1985年の食糧流通・価格問題 ――

1985年に導入された食糧契約買付制度は、初年度において、必ずしも順調な実施がなされたとはいえない。本節では、このことを、とくに市場価格の動向に着目して分析するとともに、政策目標との関係で食糧契約買付制度に対する一定の評価を試みたい。

1. 買付契約の締結および履行状況

農家との買付契約の締結は、契約買付制度の導入自体が1984年末に決定され、制度の末端への普及が遅かったこともあって、全般的に大きく遅れた。本来なら、買付契約の締結は春耕前に（冬小麦は秋耕前に）すべて完了されていなければならないはずだが、実際には4月に入っても、一般に契約の割当数量がようやく郷鎮政府、村民委員会に下りつつあるという状態で、農家との契約を結び終えた地方は少なかった（『人民日報』1985年4月10日）。たとえば、四川省では、当初は農民のみならず末端幹部ですら契約買付の内容についてよく知ら

ず、統一買付との区別すらはっきりしていなかったという。1985年4月25日現在の契約締結農家の割合は61.3％であり、契約数量は計画の61.9％に達したというが、すでに春耕が始まっているこの時期におけるこの数字は、決して高いとはいえないであろう。しかも、この数字は優良な事例として紹介されているのである（『人民日報』1985年5月7日）。Oiの聞き取りによれば、遼寧省では1985年の晩夏に至っても契約買付制度は実施計画の段階にあったにすぎないという（Oi［1986: 287］）。

このような、契約の当事者である農家と契約の実際の調整にあたるべき末端幹部が、制度の内容をよく理解していない状況での契約の締結が、事実上旧来の統一買付と変わらない強制的な買付数量の割当に終わることは、容易に想像できる。こうした事態の発生は、前節でも紹介したように、Oiが克明に分析したところである（Oi［1986: 284-287］）。また、これとは逆に、末端幹部が契約締結任務をおざなりにし、実際の契約数量が計画数量に不足する事態もしばしば発生した。契約買付が比較的よい成果をあげたとされる浙江省でも、これら二つのケースがそれぞれ15％前後もあったという（『人民日報』1985年11月2日）。

このように、実際の契約の締結のされ方には、契約買付制度の理念に反する面が多々あったが、ここではこれ以上そのことは問わない。ここで取りあげたいのは、農家が締結した買付契約の履行状況（これを実態に即して農家が国から割り当てられた販売任務の達成状況といいかえてもよい）についてである。

1985年度の契約買付は、夏食糧（主に冬小麦）については比較的順調に履行されたが、秋食糧（主に米とトウモロコシ）については各地で買付が遅れ、計画の未達成が生じた。江蘇省の事例は、このことを典型的に表している。江蘇省の夏食糧の買付は契約どおりに秩序正しく早い進度で行われ、全省の買付計画は超過達成されたが、秋食糧（江蘇省では大部分が米）の買付は遅れが目立ち、12月10日現在なお買付計画の達成率は67％にとどまったという（『人民日報』1985年8月10日、12月20日）。こうした状況は全国に共通であり、1985年度の契約買付の達成数量は最終的に5961.2万トン（計画達成率75.5％）にとどまった（中国糧食経済学会・中国糧食行業協会編著［2009: 455］）。同年度の契約

買付計画は、前年度の計画的な買付（統一買付および超過買付）に比べて数量を大幅に削減したにもかかわらず、2000万トン近くが計画未達成に終わったことになる。

江蘇省の秋食糧買付の遅れの主要な原因は、(1) 10月以降続いた長雨が裏作物の播種を遅らせ、農民の食糧販売を困難にしたこと、(2) 食糧減産が農民の売り惜しみ思想を生み出したこと、(3) 食糧市場価格が契約買付価格より高かったので、大量の食糧が自由市場を通じて地区外に流出してしまったり、個人商人の買いあさりにあったりしたこと、にあった（『人民日報』1985年12月20日）。このうち、(1) は江蘇省における天候要因であり、他の地区には一般化できないが、(2) の食糧減産および (3) の市場食糧価格の高騰は、契約買付の不調の要因として、全国的にも一般化できる[32]。以下では、このことを全国的なデータで確認しよう。

1985年の食糧生産量は合計で3億7911万トンであり、前年に比べて2820万トン（6.9％）もの大減産となった。前年比の作付面積減少率は3.6％、単位収量減少率は3.5％であった。品目別に作付面積、単位収量、生産量の減少率をみると、米は順に3.3％、2.2％、5.4％、小麦は順に1.2％、1.1％、2.3％、トウモロコシは順に4.5％、8.9％、13.0％であった。中国の小麦は大部分が春小麦（秋播き小麦）であり、契約買付制度の導入決定前に、1985年の春小麦用の播種が終わっていたことが、小麦の作付面積の減少幅を米、トウモロコシより小さくした要因の一つだと考えられる。

1985食糧年度の食糧商品化量は「原糧」単位で1億1564万トンであり、前年度に比べて2605万トン（18.4％）の減少となった（『中国統計年鑑1986』542頁）。これは、生産量の減少がそのまま商品化量の減少に結びついたことを示している。

次に、1985年の食糧自由市場価格の動向をみよう。上述したように、当時の新聞報道等によれば、1984年末から1985年春にかけて、食糧の自由市場価格は

---

[32] 市場価格の高騰も食糧減産に起因するという意味では、(2) と (3) の要因は厳密には区別できないが、(2) は食糧商品化量の減少、(3) は価格差に起因する商品化食糧の自由流通ルートへの流出と理解すれば、二つは区別できる。

一般に契約買付価格の水準を下まわっていた。また、王・方［1985: 9］によれば、1985年5月上旬の全国各地の小麦自由市場価格は、契約買付価格とほぼ同じかやや高い水準にあった。ところが、出来秋以降、食糧の自由市場価格は急激な上昇を始めた。すなわち、「去年（1985年—引用者）10月下旬以来の食糧市場価格の上昇速度は確実に大変速く、今年3月末までの5カ月間のうちに食糧価格は25％上昇し、大豆を除くすべての食糧の価格が超過買付価格の水準を超えた」（『世界経済導報』1986年6月9日）。この結果、「食糧市場価格は現在（1986年春ごろ—引用者）、旧統一買付価格をおおむね60％前後上まわる」（劉［1986: 24］）に至った。この期間の食糧自由市場価格の上昇は、『農民日報』に掲載された、直轄市およびいくつかの省・自治区政府所在都市の自由市場における、小売価格の動向からも裏づけられる[33]。

このような自由市場価格の高騰によって、農民の国営食糧部門への食糧販売が減少し、自由市場など国営食糧部門以外の流通ルートへの商品食糧の流出が進んだ。上述したように、1985食糧年度の商品食糧の減少は「原糧」単位で2605万トンであり、これを換算係数0.87を用いて「貿易糧」単位に直すと、2266万トンとなる。ところが、同年度の国営食糧部門の食糧買付量の減少幅はこれを大きく上まわり、前年度比で3241万トンに達した。すなわち、全体の食糧流通量が2200万トン以上減少しているにもかかわらず、自由市場など国営食糧部門以外の食糧流通量は約1000万トンも増えたことになる（前掲表3-5参照）。

市場価格の高騰によって契約買付の実施が阻害される事態の発生は、政府の契約買付と市場流通が併存しており、しかも政府（国営食糧部門）による買付開始と同時に自由市場における食糧取引も開放され、契約買付の不履行に対する罰則規定がない状況において、農民が契約買付価格と市場価格の水準を比較しながら販売行動を決定することを示している。したがって、1985年の契約買付の実施困難は、固定価格による契約買付と市場流通が併存する1985年以降の中国における食糧流通問題の焦点が、両者の価格関係にあることを示唆してい

---

33) 詳しくは池上［1989: 100-101］参照。

るともいえよう。1985年の食糧契約買付制度の立案は、市場価格が契約買付価格より低いことを前提にして行われたが、この関係が逆転することによって、1986年以降の契約買付政策は大幅な修正を迫られることになった。

2. 契約買付政策の評価

本項では、食糧生産の抑制と食糧管理財政の赤字削減という、食糧契約買付制度を導入した際の政策課題との関係で、初年度の契約買付政策に対する一定の評価を試みたい。

1985年の契約買付の実施困難のそもそもの原因ともなった食糧減産の原因について、何康農牧漁業部長（当時）は、（1）自然災害、（2）作付面積の減少、および（3）食糧買付価格の調整（引き下げの意味）ならびに生産財価格の上昇による収益の低下がもたらした、農民の食糧生産に対する積極性の低下による、投入の減少と管理の粗放化を指摘している。また、（2）の作付面積の減少についても食糧生産積極性の低下に関係するとしている（何［1986：2］）。東北3省の台風水害に代表される（1）の自然災害は不可抗力であろう。（2）と（3）の要因は、食糧契約買付制度との関係で十分な検討に値する。ただし、（3）の投入の減少、管理の粗放化を裏づけるデータはなく、したがってこのことが単位収量の低下を通じて食糧減産にどの程度寄与しているかは分からない。ここでは、（2）の作付面積の減少を、食糧生産意欲の低下との関係で考えてみよう。

1985年の食糧作付面積は前年より404万ヘクタール（3.6％）減少して、1億885万ヘクタールとなった。図3-3に示したように、食糧作物の作付面積は1978年以降ほぼ一貫して減少してきたが、1985年の減少幅は過去の趨勢を大きく上まわるものであった。1985年には、食糧の作付面積が404万ヘクタール減少する一方、工芸作物の作付面積は309万ヘクタール（16.0％）、野菜（果実的野菜を含む）の作付面積は74万ヘクタール（15.0％）増加した。また、工芸作物の内訳をみると、油糧作物（大豆を除く）312万ヘクタール（前年比36.0％増）、糖料作物30万ヘクタール（同24.0％増）、葉タバコ42万ヘクタール（同46.3％増）など、食糧同様に深刻な過剰問題に直面していた綿花を除いて、主要作物

第3章　統一買付制度の廃止と契約買付制度の導入

図3-3　農作物の作付面積

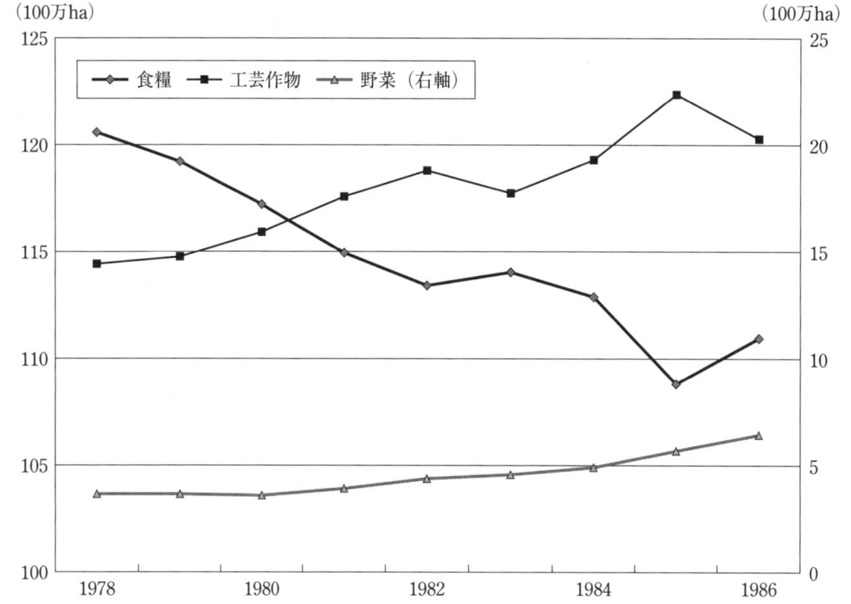

(100万ha)　　　　　　　　　　　　　　　　　　　　　　(100万ha)

凡例：食糧　工芸作物　野菜（右軸）

出所：国家統計局農村社会経済調査司編［2009：13, 16］、『中国統計年鑑1987』164頁より筆者作成。

表3-10　農産物買付価格指数の上昇率

(前年比%)

	1980～1984年平均	1985年
食糧	8.9	1.8
油糧作物および食用植物油	－3.7	4.3
綿花	2.1	－2.3
麻類	0.1	9.5
生鮮野菜	1.8	50.4
果物	8.6	24.7
漢方薬材	3.7	22.7
畜産物	1.6	24.1
水産物	8.5	51.3
総指数	4.1	8.6

出所：『中国統計年鑑1986』635頁より筆者作成。

の作付面積は軒並み増大している。

　1985年には、食糧（および綿花）に対して生産抑制的な買付制度改革が行われたのに対して、野菜や畜産物などの流通は自由化された。この結果、表3-10に示したように、他の多くの農産物の価格が1985年に急上昇したのに対して、食糧の価格は横ばいであり、相対的には大きく不利化した。他方、農村改革が市場化を強めるなかで、1985年の1号文書は「いかなる機関も二度と農民に対して強制的な生産計画（「指令性生産計画」）を下達してはならない」ことを明記していた。国家の生産量コントロールの撤廃によって、農民が収益性の格差に基づいて作物選択を行う条件は強化された[34]。すなわち、1985年の食糧買付制度改革は、他の農産物の流通制度改革とも相まって食糧生産を不利化し、農民の食糧生産意欲の低下をもたらした。と同時に、市場化改革の進展によって、農民の生産意欲の大小が直接各作物の作付面積に反映される度合いは、明らかに以前より高まっていたのである。

　以上の分析から、1985年の食糧作付面積の減少が、農民の生産意欲の低下と関係しており、農民の食糧生産意欲の低下が、契約買付制度の導入と関係していることを確認できるであろう。1985年における食糧契約買付制度の導入は、そもそも食糧生産の抑制を目的の一つとしていたのであるから、このような事態の発生は政策設計が合目的的であったことを示しているともいえる。もし、この年大きな自然災害がなく、前年並みの単位収量を確保できていれば、食糧市場価格の上昇はさほど大きなものではなく、契約買付の実施ももう少しスムーズにいったかもしれない。

　しかし、農業という産業はそもそも天候の影響を避けられないものであり、需要の価格弾力性が小さい食糧の減産は必ず大きな価格上昇をもたらすものである。したがって、本来なら政府はあらかじめ緩衝在庫を持つなどして価格の

---

34) 農業における生産量コントロールならびに価格コントロール概念、および中国における農業コントロール手法の変遷とその評価についてはLardy［1983: chap. 2,5］を参照。なお、1号文書に明記されたからといって、長年続いた国家の生産量コントロールが、この年完全に撤廃されたとは考えにくいが、少なくとも大幅に緩和されたことは事実であろう。

安定に努めるべきであったが、中国政府にそうした配慮はなかった。当時の中国政府の市場経済観は今から思えばきわめてナイーブなものであり、自由化すれば需給調整等すべてうまくいくと考えていた節がある。直接統制的な政策手法に慣れ親しんでいたために、市場を通じた農産物需給調整の困難性に対する認識が欠如していたのであろう。総じていうならば、1985年における契約買付制度の導入は、食糧生産抑制という限定的な政策目標との関係では合目的的といえるが、価格の安定を含む食糧需給調整という、より高次の政策目標に照らしてみると、きわめて不完全なものといわざるを得ない。

他方、もう一つの政策課題である食糧管理財政の赤字削減という点についても、短期的にはある程度成功したものの、根本的な解決にはつながらなかった。すなわち、前掲表3-7によれば、国営食糧部門に対する財政補填は、1985年には前年比で41.9億元（17.2％）減少して202.5億元となり、翌1986年にも207.3億元に抑えられたが、後述するようにその後は再び増大した。

1985〜1986年の財政補填が比較的低く抑えられた理由としては、契約買付制度の導入により買付量の削減に成功した点が大きく、ほかに契約買付価格を超過買付価格より10％低く定めたこと、農村（非食糧生産農家等）に対する食糧販売価格を、農村からの食糧買付価格と同じにした（逆ざやをなくした）こと、工業原料用の食糧販売価格を統一販売価格から協議販売価格に引き上げたことなど、逆ざや価格体系の微調整が関係している（劉［1986: 25］）。ただし、1985年の食糧管理制度改革は、都市住民に対する低価格での食糧配給制度には手を付けなかったことから、逆ざや関係の解消には至らず、したがって食糧管理財政問題の根本的な解決にはつながらなかったのである。

第4章

複線型流通システムの成立とその改革

(1986〜1993年)

第1節　契約買付の義務供出化と複線型流通システムの成立

　すでに述べたように、1985年の食糧契約買付の計画数量は7900万トンであったが、この年の不作にともなう市場価格の上昇により、農民が契約買付価格での政府への販売を嫌ったために、計画達成数量は5961.2万トンにとどまった。他方、この年の統一販売（配給）食糧は7500万トン以上に達したから、契約買付の不足分は主に1983〜1984年産食糧の繰り越し在庫によって補われたものと考えられる。

　一方で低価格での配給制度を維持しつつ、配給用の食糧を確保するための買付は農民の自由意志に基づく契約によろうとすれば、政府は買付数量を確保するために市場価格の上昇に合わせて契約買付価格を引き上げなければならない。こうした政策措置は、いうまでもなく政府の食糧管理財政の赤字を増すが、1985年の食糧流通制度の改革はそもそも食糧管理財政の赤字削減を一つの目的としていた。こうして、中国政府は1986年以降の食糧流通政策においてきわめて難しいかじ取りを迫られた。

　1986年1月の国務院「1986年度食糧契約買付任務に関する通知」[35]は、同年

---

35) 国務院「関於一九八六年度糧食合同定購任務的通知」（唐主編［2011: 246］）。

の中共中央・国務院1号文書の方針に従い、農民の食糧生産・販売の積極性を保護・奨励するために、食糧の契約買付数量を減らし、協議買付の比率を高めることを通達した。こうして、1986年の契約買付数量は、前年より1850万トン少ない6050万トンとされた。なお、この年の契約買付数量の削減は、全国一律に行われたのではなく、経済的に遅れた食糧主産地の数量を大きく減らし、経済発展地区の数量は減らさないことで、貧困地区（しばしば食糧主産地と同義）の経済的利益が大きくなるように工夫された。また、1986年には、契約買付数量の削減分を補うために、新たに旧超過買付価格による「国家委託代理買付」（「国家委托代購」）制度が導入された。国家委託代理買付は、契約買付と同様に配給用食糧の確保を目的とする買付であるが、農民にとっては契約買付より価格的に有利であり、政府にとってはその分逆ざやの負担が大きいという問題があった。

1987年の契約買付数量は、1986年よりさらに1050万トン少ない5000万トンとされた（唐主編［2011: 251］）。中国政府はさらに、1987年から契約を結んだ農家に対する、一定量の化学肥料、ディーゼル油の公定価格（市場価格より安い）による優待販売、および食糧契約買付代金の一部（20％）前払いを内容とする「三結合」（「三掛鉤」）政策を開始した。化学肥料の優待販売の基準は、当初貿易糧100キロ当たり6キロであり、1989年より米と大豆は15キロ、小麦とトウモロコシは10キロに引き上げられた。ディーゼル油の優待販売の基準は貿易糧100キロ当たり3キロであった（『中国商業年鑑1988』54頁、『中国商業年鑑1990』47頁）[36]。

このように、農民に有利な買付制度の微調整は行われたものの、この時期の契約買付価格の引き上げ幅は、市場価格の上昇に比べてわずかなものでしかなかった（前掲図3-1参照）。これを食糧品目別にみても、1989年のインディカ米の契約買付価格は1985年に比べて43.4％高かったが、同じ期間の市場価格の

---

[36] ただし、「三結合」政策から農民が得る利益は、食糧契約買付価格が市場価格より低いことによって農民がこうむる不利益に比べれば、はるかに小さいものでしかなかった。しかも当時は、農業生産資材や財政資金が全般的に不足しており、末端ではしばしば「三結合」政策の規定どおりの優遇措置は実施されなかった（池上［1988: 117-119］）。

上昇率は156％に達した。同様に、小麦は契約買付価格が14.2％引き上げられたのに対して、市場価格の上昇率は144％であった。トウモロコシは同じく21.8％と120％であった（陳・趙・陳・羅［2009: 153］）。配給価格が固定されている以上、いくら市場価格の上昇幅が大きくても、逆ざや幅を拡大して政府の財政負担を増大することになる、契約買付価格の引き上げには自ずと限界がある。

中国政府は、1986年6月の国務院「夏季糧油買付工作をしっかり行うことに関する通知」[37]において、「食糧契約買付は経済契約であるとともに国家任務であり、普通の作柄であれば必ず完成しなければならない」として、それまで自由な経済契約であるとされていた契約買付を、改めて農民の果たすべき任務として位置づけ直した。市場価格より安い価格での契約買付を実施するためには、結局のところ統制経済的な手法に頼るしかない。こうして、一たんは売買双方の自由意志に基づくとされた契約買付は、1986年以降再び1984年までの統一買付と同様な農民の義務供出とされてしまった。

中国政府は、その後1990年秋食糧の買付から、契約買付の正式名称を元の「合同定購」から「国家定購」に変えた（『中国商業年鑑1991』Ⅳ-3頁）。「定購」という中国語は、それだけで「契約買付」という意味を持つが、「合同」も「契約」という意味なので、「合同定購」は「定購」の契約的性格を強調する表現である。それに対して、「国家定購」は国家の買付という点を明確にすることで、その義務的性格を強調する表現といえる。もちろん、実態的には1990年に初めて契約買付制度の性格が変わったわけでないことは、上述したとおりである。なお、本書では「合同定購」も「国家定購」も、「契約買付」と訳している。

ここにおいて、政府が食糧流通の一部を行政的な手段によって直接管理して、都市住民への食糧安定供給を確保し、残りの食糧は自由な市場流通に委ねることによって、市場メカニズムによる需給調整を行うという複線型流通システム（原語は「双軌制」であり直訳すれば「複線制度」）が成立した。複線型流通システムの基本的な内容は、「（1）食糧売買の面では、政府の強制的な低価格で

---

37) 国務院「関於夏季糧油収購工作的通知」（『中国農業年鑑1987』415頁）。

の買付ならびに低価格での配給制と、一般的な市場交換とが並存し、(2) 食糧流通機構の面では、政府の流通機構と政府以外の流通組織が並存すること」(高［1990b: 901］) と整理できる。直接統制システムと市場システムとの結合といいかえてもよいであろう。なお、ここでいう「政府の強制的な低価格での買付」とは、いうまでもなく契約買付であるが、「一般的な市場交換」とは政府以外の流通組織による売買のほか、国営食糧部門の協議買付協議販売をも含む。複線型流通システムを財政支出の面からとらえるならば、直接統制（配給）部分については政府が必要な赤字を負担するが、その他の市場流通部分については、食糧部門の協議買付協議販売を含めて、国家財政は関知しないということである。

　1986年以降の複線型流通システムの実行上の問題は、契約買付価格が市場価格より低いことにあった。契約買付は農民の義務供出とされたが、供出を達成しないことに対する明確な罰則措置があったわけではない。農民は常に複数の価格に直面しているわけであるから、政府はたえず価格の高い別の流通ルートに逃れようとする農民の食糧を確保することに苦労しなければならなかった。契約買付実施の直接的な責任を負う村民委員会や村民小組の幹部と農民との関係は、この時期急速に悪化したと指摘されている（高［1990b: 902］、高［1990c: 1007］）。異なった価格決定メカニズムを有する直接統制システムと市場システムとを結合したことの無理が、買付局面においてあらわになったといってもよいであろう。

　中国政府は1986年の契約買付数量を6050万トンに引き下げたが、実際の買付量は5334.1万トン（計画達成率88.2％）にとどまった。また、国家委託代理買付（計画では1850万トン）の実際の買付量も780.9万トンにとどまり、この部分の計画達成率はわずか42.2％にしかならなかった。国家委託代理買付の価格は、契約買付価格より高く旧超過買付価格並みとされたが、この年の市場価格は旧超過買付価格よりはるかに高かったので、農民は売りたがらなかったのである[38]。

---

38) 前掲表3-9によれば、1986年の食糧市場価格は旧超過買付価格の水準より低いが、この時期市場価格は一貫した上昇局面にあったから、出来秋以降の市場価格が旧超過買付価格の水準より高くなっていたとしても不思議ではない。

契約買付がようやく計画を100％前後達成できるようになるのは、買付任務数量が5000万トンに引き下げられた1987年以降のことである。

　表4-1から明らかなように、契約買付数量の削減にともない、国営食糧部門の契約買付以外の買付の数量が大幅に増大しているが、その内実はすべてが市場価格に準じた価格による自由な買付（農民の側からみれば自由な販売）というわけではない。食糧統一販売（配給）量は、配給の対象となる範囲を徐々に狭めたことや、都市住民の食生活の向上にともなう配給の未消化分が増えたことなどにより徐々に減少したが、1987年以降においてもなお6500万トンを超えた[39]。契約買付食糧だけでは必要な配給食糧に不足するため、不足分は契約買付価格より高い協議買付価格で買い入れた食糧の一部をまわさざるを得なかった。これが「議転平」買付である（1986年の国家委託代理買付の目的も「議転平」買付と同じ）。「議転平」の「議」はもちろん「協議価格」を意味するが、「平」は「平価」つまり公定価格を意味している。協議価格は、本来なら市場価格に準じて決定されるべきものであるが、中央政府と地方の国営食糧部門との間での「議転平」食糧の精算価格が固定されていたこともあり、地方国営食糧部門は協議価格を契約買付価格よりは高いが市場価格より低く抑えるとともに、「議転平」用の協議買付を契約買付同様に国家供出任務として農民に下達した。農民は、これを「第二契約買付」（「二定購」）と呼んで嫌悪した[40]。

　結局のところ、消費者保護的な低価格での食糧配給制度は維持せざるを得ないが、国家の財政力が弱く逆ざやの拡大は極力抑えたいという、当時の政治経済状況が、契約買付および「第二契約買付」という市場価格より低い価格での

---

[39] 1987年の食糧統一販売量は6520万トン、協議販売量は2660万トンであった（『中国商業年鑑1988』55頁）。また、1988年にはそれぞれ6708万トンと3317万トンであった（『中国商業年鑑1989』45頁）。

[40] 1987年の「議転平」の、中央政府と地方国営食糧部門との間での精算価格は、貿易糧1キロ当たり平均で契約買付価格より0.128元高く、地方国営食糧部門が農民から購入する「議転平」用の協議買付価格は契約買付価格より0.108元高かった（宋等編［2000: 87］）。この協議買付価格の水準は、1987年当時の市場価格の水準と比較すると、農民にとってそれほど不利とはいえないが、1988年以降も市場価格が一層上昇することによって、市場価格と「議転平」用の協議買付価格との価格差は急速に拡大したと考えられる。

表4-1 国営食糧部門の食糧買付の内訳（1985～1993年）

(単位：貿易糧万トン、%)

年度	合計	契約買付	「議転平」	備蓄用買付	協議買付
1985	7925.5	5961.2 (75.2)			1964.3 (24.8)
1986	9453.3	5334.1 (56.4)	780.9 (8.3)		3338.3 (35.3)
1987	9920.1	5691.9 (57.4)	1178.6 (11.9)		3049.6 (30.7)
1988	9430.5	5048.3 (53.5)	1277.9 (13.6)		3104.3 (32.9)
1989	10040.2	4885.7 (48.7)	1443.7 (14.4)	243.6 (2.4)	3467.2 (34.5)
1990	12364.5	5181.4 (41.9)	1361.5 (11.0)	2809.4 (22.7)	3012.2 (24.4)
1991	11423.0	4749.3 (41.6)	1304.0 (11.4)	1522.4 (13.3)	3847.3 (33.7)
1992	10414.5	4534.4 (43.5)	1019.0 (9.8)	728.1 (7.0)	4133.0 (39.7)
1993	9234.0	5066.1 (54.9)		241.9 (2.6)	3926.0 (42.5)

注1）（ ）内は合計に占める割合。
　2）1986年の「議転平」は正式には「国家委託代理買付」。ただし、その用途は1987年以降の「議転平」と同じ。
　3）1989年の備蓄用買付は正式には「国家市場調節食糧」、1990年の備蓄用買付は正式には「保護価格買付」であるが、いずれも買付後、政府備蓄にまわされた。正式に政府備蓄用の名目で買付が行われるのは1991年が初めてであるが、本表では実際の用途に応じて分類した。
出所：中国糧食経済学会・中国糧食行業協会編著［2009: 455］、『中国商業年鑑1990』47頁、『中国商業年鑑1991』Ⅳ-5頁より筆者作成。

食糧供出を農民に強いたのである。いいかえるならば、本来政府が負担すべき消費者保護のための負担の一部を農民に転嫁したということであり、そのことが政府の代理人としての農村幹部と農民との関係を悪化させたのである。

第2節　食糧過剰期における複線型流通システム

前掲表2-1に示したように、1990年の食糧生産は前年より4000万トン近く多い4億4624万トンとなり、1985年以来の「徘徊」局面を完全に脱した。1990年の食糧大増産には、1989年に食糧市場価格が高騰したことのほか、1989～1990年における経済不況が食糧生産の機会費用を引き下げたことが関係していると考えられる（廬鋒［2004: 97］）。1990年に中国の食糧生産が「徘徊」を脱し、食糧需給バランスが再び顕著な供給過剰に転じたことにより、複線型流通システムがかかえる問題の性格は大きく変わった。すなわち、政府の立場からこれをみ

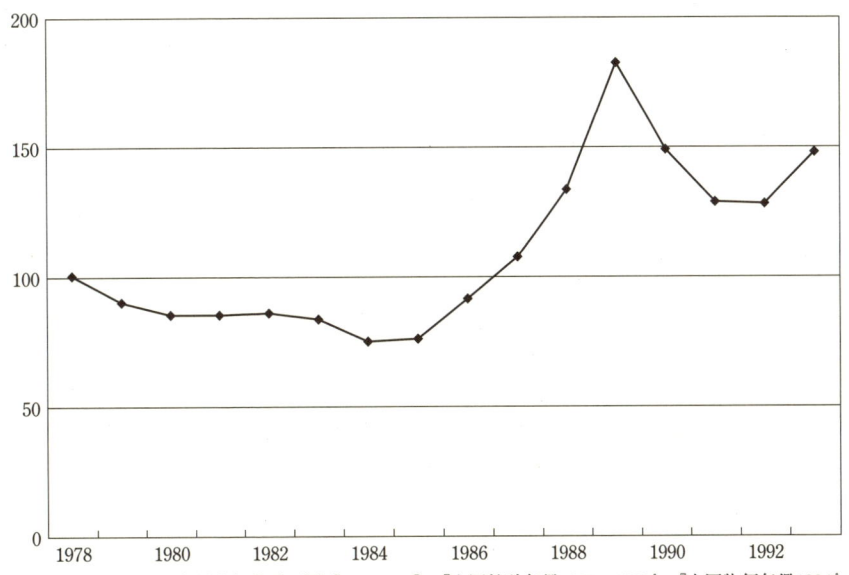

第4章　複線型流通システムの成立とその改革

図4-1　食糧自由市場価格指数（1978年＝100）

出所：国家統計局貿易物価統計司編［1984: 397］、『中国統計年鑑1985〜1993』、『中国物価年鑑1994』376頁より筆者作成。

るならば、不足時のように契約買付の達成困難が問題になるのではなく、市場価格の下落と農家の「販売難」にいかに対処するか（あるいはしないか）が問題となるのである。不足時には統制部分に問題が生じ、過剰時には統制外の市場流通部分に問題が生じるといってもよい。もちろん、これは生産者サイドの問題をいっているのであり、さしあたり消費者サイドには問題は生じない。配給制をとっているからであり、1980年代以降は、一時的に食糧需給が逼迫するといっても、配給食糧が不足するまでの深刻な事態は起こらなかったからである。

　1989年に一部食糧主産地に発生した政府統制外食糧の「販売難」は、1990年には全国に広がるとともに深刻さを増した。全国平均でみた食糧の自由市場価格は1989年をピークとして1990年以降急激な下落に転じた（図4-1参照）。政府統制外の食糧は、自由な市場流通に委ねることによって、市場メカニズムによる需給調整を行うという複線型流通システムの政策理念からすれば、供給過

表 4-2　国営食糧部門の食糧(三大穀物)収支(1987〜1993年)

(単位:貿易糧万トン)

年度	買付	輸入	輸出	販売	収支
1987	8809	1528	494	8147	1695
1988	8275	1497	462	8822	488
1989	9066	1588	382	7934	2338
1990	11335	1296	373	8069	4190
1991	10541	1251	847	8399	2546
1992	9736	1068	1126	7929	1749
1993	8348	652	1253	6065	1682

注1)　年度は食糧年度(当年4月〜翌年3月)。
　2)　当時の三大穀物の貿易は国家貿易のみ。
出所:『中国糧食発展報告2011』172〜175頁より筆者作成。

剰による市場価格の下落は放置してよいとも考えられる。しかしながら、中国政府は1989年に、統制外食糧の「販売難」を緩和するために、243.6万トンの米・小麦・トウモロコシについて、「国家市場調節食糧」という名目の緊急的な買付を行った(『中国商業年鑑1990』47頁)。さらに1990年には、契約買付任務達成後の米・小麦・トウモロコシについて、自由市場価格より高い保護価格での無制限買付を行った。この年の保護価格買付量は2809.4万トンに達した(前掲表4-1参照)。

表4-2は、米・小麦・トウモロコシという三大穀物について、政府管理の食糧収支をみたものであるが、1989年には前年に比べて800万トン近く買付が増える一方、販売量は900万トン近く減ったために、政府在庫が2000万トン以上増えている。さらに、1990年には前年に比べて2000万トン以上買付が増える一方、販売量はほとんど増えなかったので、政府在庫が4000万トン以上増えている[41]。中国政府は1983〜1984年の食糧過剰に対しては国家買付価格を引き下げ、買付量を削減するという措置をとったが、1990年には国家買付量を増やすことで市場価格を下支えするという、全く対照的な政策をとったのである。

---

41)　ただし、表4-2は在庫過程における損耗を考慮していないので、実際の政府在庫の増加は表示したよりは少ないと考えられる。

第4章　複線型流通システムの成立とその改革

　1990年に中国政府がこうした対応策をとる背景としては、二つの理由が考えられる。第一に、市場価格の下落を放置することによって再び1980年代後半のような食糧生産の停滞を招くことをおそれたのではないかということである。第二に、1980年代半ば以降、農家所得の停滞と、都市世帯との所得格差の拡大が社会問題化しつつあり、食糧価格下落による農家所得の低下を見逃せなかったのではないかということである。農家の実質農業所得は1980年代後半には完全に停滞しており、とくに1989年には大幅に減少していた。1990年に実施された保護価格買付の「保護」はいうまでもなく農民保護を意味しているが、農民保護という視角は1985年の食糧政策には、ほとんどみられなかった点である[42]。

　1990年に実施された大量の保護価格買付は、食糧市場価格の下落を抑制し、農家の所得を維持するうえでは、大きな効果があった。問題は、逆ざやを前提にした政府買付の増大が、1980年代前半と同様な食糧管理財政赤字の膨張をもたらしたということである。実際、表4-3に示したとおり、契約買付制度の導入によりいったんは抑制された国営食糧部門に対する財政補填は、1987年以降再び増加に転じ、とくに1989年と1990年に大きく増大した。食糧財政補填が国家財政支出総額に占める割合は1989年には14.5％、1990年には15.5％となり、1984年の14.4％を上まわった。

　1989年に財政補填が大きく増えた理由は、主に（1）この年に食糧契約買付価格を平均16％引き上げたこと（それでも物価上昇率よりは小さい）、（2）農民からの「議転平」買付を供出任務から外したことにより「議転平」買付価格が上昇したこと、（3）適正在庫水準を超える食糧買付に対する借入金利子補填が増大したこと（国営食糧部門の食糧買付は基本的に銀行借入によって行われた）による（『中国商業年鑑1990』47、111頁）。

　また、1990年に財政補填が大きく増えた理由は、主に適正水準を超える食糧在庫の管理費用（借入金利子補填を含む）の増大にある。しかしながら、1990

---

[42] 厳密にいうならば、1985年の食糧管理制度改革の際にも保護価格という規定はあった。食糧の市場価格が旧統一買付価格の水準を下まわった場合には、政府は旧統一買付価格で無制限に買い付けるというものである。しかしながら、実際にはこの年の食糧市場価格は高騰し、保護価格の設定は何の意味も持たなかった。

表4-3 国営食糧部門に対する財政補填（1987〜1995年）

(単位：億元)

年	逆ざや補填	政策的損失補填	国家備蓄費用補填	その他	合計(1)	国家財政支出総額(2)	割合(%)(1)/(2)
1987	150.32	90.63		2.66	243.61	2262.18	10.8
1988	168.68	108.95		4.71	282.34	2491.21	11.3
1989	227.12	174.03		7.83	408.98	2823.78	14.5
1990	242.75	222.12		12.26	477.13	3083.59	15.5
1991	160.09	248.72	40.11	26.17	475.09	3386.62	14.0
1992	32.53	254.77	50.98	78.05	365.35	3742.20	9.8
1993	n.a.	n.a.	n.a.	n.a.	294.29	4642.30	6.3
1995	n.a.	n.a.	n.a.	n.a.	243.04	6823.72	3.6

注）1994年の財政補填額は不明。
出所：『中国商業年鑑1988〜1993』、『中国国内貿易年鑑1994, 1996』、『中国統計年鑑1998』269頁（財政支出総額）より筆者作成。

表4-4 食糧財政補填の中央・地方負担（1988〜1990年）

(単位：億元、%)

年	中央財政負担	地方財政負担	合計
1988	102.50 (36.3)	179.84 (63.7)	282.34 (100)
1989	121.40 (29.7)	287.58 (70.3)	408.98 (100)
1990	134.34 (28.2)	342.79 (71.8)	477.13 (100)
1988-90増加	31.84 (16.3)	162.95 (83.7)	194.79 (100)

出所：『中国商業年鑑1990』111頁、『中国商業年鑑1991』V-10頁より筆者作成。

年の国営食糧部門に対する財政補填の増加幅は、大量の保護価格買付を行った割には小さい。その理由は、保護価格買付の実施に関係する財政補填が、買付資金の銀行借入の一部に対する利子補填しか計上されなかったことにある（『中国商業年鑑1991』Ⅳ-2、Ⅴ-10頁）。中央政府はこの年、保護価格で買い付けた食糧をもとに、食糧特別備蓄制度（「国家専項糧食儲備制度」）を設立したが、備蓄食糧の保管に必要な経費や備蓄食糧の買入、売り渡しによって発生する逆ざやの負担を誰が行うかについては明確にしなかった。

この間の食糧財政補填の増額について、憂慮すべきもう一つの問題は、増大する財政補填の大部分が地方財政によって負担されており、中央財政の負担は

あまり増えていないということにある。表4-4に示したように、1988〜1990年の3カ年について、国営食糧部門に対する財政補塡の、中央財政と地方財政による負担割合の数字を得ることができる。それによれば、財政補塡増加額の大部分（83.7％）は地方財政により負担されており、中央財政支出の増加はわずかである。中国の食糧主産地の多くは内陸の貧困地区であるから、地方財政の負担が増えることは、この場合、貧困地区の省級政府の負担が増えることに等しい。いうなれば、この時期の食糧管理財政は、豊かな沿海食糧消費地と貧しい内陸食糧主産地との所得格差を拡大させる方向に作用していたのである。

　1980年代後半の食糧流通政策は基本的に消費者保護的であったが、本来政府が負担すべき消費者保護のための負担の一部は農民に転嫁された。また、1989年以降の食糧流通政策は、消費者保護的な性格は保持したまま、「国家市場調節食糧」買付や保護価格買付の実施など、生産者への配慮もみせるが、そのために必要な費用の負担は主産地の地方政府に押しつけられ、中央政府はほとんど負担しようとしなかった。

第3節　直接統制から間接統制への転換

1．特別備蓄制度と卸売市場制度の成立

　1990年における保護価格買付の実施を、食糧流通システムとしてみると、直接統制システムと市場システムとの結合であった複線型流通システムのうち、市場流通システムの部分に価格の間接統制を持ち込もうとしたことになる。中国政府は、1990年に保護価格で買い付けた食糧（米・小麦・トウモロコシ）をもとに、食糧特別備蓄制度（「国家専項糧食儲備制度」）を設立したが[43]、この制度の目的は戦争・災害・飢饉などの非常事態に備えるという通常の意味での備蓄にあるのみならず、備蓄食糧の買入、放出を通じて食糧価格を間接的にコ

43）1991年から、食糧特別備蓄制度の対象に大豆および一部少数民族地区のハダカムギも加えられた（『中国商業年鑑1992』Ⅳ-11頁）。

ントロールすることにあった（白 [1992: I-4]）。中国政府は、備蓄食糧を管理し食糧流通の間接統制を行う機関として、1991年4月に国家食糧備蓄局（「国家糧食儲備局」）を設立した（『中国商業年鑑1992』Ⅳ-10～13頁）。

　市場流通部分への間接統制の導入という意味では、1990年（ハルビンのみ1989年）以降全国各地に設立された食糧卸売市場も重要である[44]。1992年当時、中国の食糧卸売市場には、唯一の中央政府所管卸売市場である河南省の鄭州食糧卸売市場（1990年10月設立；取り扱い品目は主に小麦）のほか、ハルビン（黒龍江省）、長春（吉林省）、九江（江西省）、蕪湖（安徽省）、武漢（湖北省）、長沙（湖南省）などの、省級政府等が所管する卸売市場があった（菅沼 [1993a: 99-108]）。これらの卸売市場の主な機能は、国家の直接統制の外にある食糧（国営食糧部門の協議買付協議販売食糧およびその他の流通主体が売買する食糧）の省間流通の仲介にある。

　食糧卸売市場は、設立当初、省間食糧流通に占めるシェアが小さいという問題を抱えていた。たとえば、鄭州食糧卸売市場の例では、河南省の小麦の省外販売量の1割強のシェアしかなかったという（菅沼 [1993a: 105]）。そのほかにも、価格決定に対する行政の介入が強すぎるため市場の価格実勢が反映されないなどの問題を抱えていたが、省間の食糧需給調整を国家統制によってではなく、市場的に行う場（制度）が作られたことの意義は大きい。

　食糧卸売市場の役割は、たんなる省間需給の調整にとどまらない。すなわち、中国政府は卸売市場を設立の当初から、価格コントロールを行うための食糧買付および売却を行う場として利用することを想定していた。食糧卸売市場の設立が市場流通部分への間接統制の導入としての意義を持つというのは、この意味においてである。国務院は、鄭州食糧卸売市場の設立に際して、市場価格が

---

44) 国務院が食糧卸売市場設立の方針を正式に打ち出すのは1988年のことであり（商業部・農業部・財政部等 [1990: 660]）、商業部が認可した標準（モデル）的な卸売市場が設立されるのは1989年以降のことである。しかしながら、解放前の伝統的な食糧集散地においては、1980年代半ば頃から、直接統制外の食糧の省間流通を仲介する食糧卸売市場が復活しつつあった（池上 [1989: 109-110]）。これらの食糧卸売市場は、1989年以降標準的な卸売市場として整備され、順次正式に認可された。

高いときに鄭州食糧卸売市場で売却するための小麦の政府特別在庫として、一定量の「中央市場調節食糧（小麦）」を設立することを決定している（商業部・農業部・財政部等［1990: 661］）。もっとも、1990年の小麦保護価格買付の計画数量（当初）が400万トンとされる一方で[45]、鄭州食糧卸売市場の年間の小麦取扱量は数十万トンに満たなかったから[46]、効果的な規模の保護価格買付を行おうとすれば、実際には国営食糧企業を通じて直接農家から買い付けるしかなかった。劉［1992: 49］も、国家備蓄食糧の買入・売却は（最終的には）食糧卸売市場を通じて行うべきであるが、卸売市場が設立間もない第8次5カ年計画期（1991～95年）には、農民から直接買い付けるしかないとしている[47]。

2. 直接統制撤廃の試み

　中国政府は1992年以降、地区をおって順次、食糧の直接統制の撤廃、すなわち売買価格の自由化ならびに義務供出制度としての契約買付制度および配給制度の廃止に踏み切った。これを食糧流通システムとしてみるならば、複線型流通システムのうちの直接統制部分を廃止して、市場流通に一本化しようということである。しかしながら、価格については自由放任とするのではなく、政府の介入により一定の安定価格帯内にこれを維持するという間接統制方式を考えていた。

　市場流通部分の食糧について価格の間接統制を行う仕組みとしては、上述したように1990年以降、食糧特別備蓄制度と食糧卸売市場制度が成立している。食糧売買価格を自由化したのちは、需給動向のいかんによっては常に生産者価格の暴落ないし消費者価格の暴騰の可能性があるが、食糧特別備蓄制度と食糧卸売市場制度の成立によって、政府は自由化後の食糧価格を一定の範囲内に維

---

45) 何済海商業部副部長（当時）の1990年7月の会議発言（中国鄭州糧食批発市場編［出版年不詳: 53]）。
46) 菅沼［1993b: 58］によれば、1990年10月～1992年12月の鄭州食糧卸売市場の小麦取扱量は約70万トンにすぎなかった。
47) 実際には、現在でも備蓄食糧の買付は国有食糧備蓄企業（後述）が（産地仲買人を通じて、もしくは直接）農家から行っているが、備蓄食糧の売却は卸売市場において入札方式で行われている。

持しうる抽象的な可能性を手に入れたといえる[48]。このことは、複線型流通システムを市場流通システム（中国ではこれを「単軌制」すなわち「単線制度」とも呼んでいる）に一本化するための一つの大きな条件が整ったことを意味している[49]。

もっとも、食糧特別備蓄制度と食糧卸売市場制度の価格調整機能は、たかだか一定の範囲内への価格の維持ということにとどまり、直接統制撤廃後の価格の基本的な水準は市場の需給関係によって決まることになる。とするならば、直接統制を廃止したあとの食糧消費者価格が、もとの配給価格の水準を大きく上まわるであろうことは容易に想像がつく。ところで、そもそも1985年の食糧流通制度改革が市場化改革として不完全なものにとどまらざるを得なかった最大の理由は、当時の事情では都市住民への福祉的な性格を持つ低価格での食糧配給制度に手をつけることができなかったということにある。複線型流通システムの市場流通システムへの転換という改革を行えるかどうかの、もう一つの大きな条件は、1980年代半ばにおいてはなお手を触れることのできなかった配給制度の改革に踏み込めるかどうかにある。

3. 統一買付価格（配給価格）の引き上げ

中国政府は、1990年代に入ると、困難な課題であった配給制度の改革に踏み切った。すなわち、1991年5月と1992年4月の2回に分けて食糧の統一販売価格（配給価格）を合計約140％引き上げ、契約買付価格との間の売買逆ざやを

---

[48] ここで抽象的な可能性というのは、中国政府は特別備蓄制度の設立前には食糧価格の間接統制の経験がなく、適正な備蓄規模についての研究も国家食糧備蓄局の設立後初めて開始された（『中国商業年鑑1992』Ⅳ-10頁）という実情にあり、市場価格の暴騰暴落時に適切な対応をとれるという保証はないからである。なお、商業部商業経済研究センターの呉碩教授は、市場調節用の食糧の適正備蓄規模として2500～3000万トンという数字をあげており（菅沼［1993a: 98］）、劉［1992: 48］も第8次5カ年計画期（1991～95年）の理想的備蓄規模は2500万トン（最低2000万トン、最高3000万トン）であるとしている。

[49] もちろん、価格の変動を一定の範囲内に維持しなければならないというのは規範的な命題である。もし、直接統制撤廃後の価格変動を放任してよいと考えるのであれば、あらかじめ間接統制手段を確保することが直接統制撤廃のための必要条件とはならない。

解消した（白［1992: I-2］）[50]。1991年の配給価格の引き上げは、1965年以来じつに26年ぶりという画期的なものであった（肖［1989: 98］）[51]。成都市と太原市の米の例では、2回の配給価格引き上げによって、食糧の自由市場価格と配給価格との差は、従来の4:1から3:2程度まで縮まった（表4-5参照）。一般に、自由市場で販売される食糧の品質は配給食糧の品質に優るといわれていたことを考慮すると、両者の実質的な価格差はさらに小さかったと考えられる。

このように大幅な配給価格の引き上げにもかかわらず、都市消費者の間で目立った混乱は起こらなかった。配給価格の引き上げがスムーズに実施できた直接的な要因として、配給価格の引き上げにともない、1991年に勤労者1人当り1カ月6元、1992年にはさらに追加的に5元の食糧価格手当の支給（実質的な給料の引き上げ）がなされたことを指摘できる（『南方日報』1991年4月28日、国務院［1992: 197］）[52]。このほかにも、背景にある重要な要因として、所得の上昇と食糧の直接消費の減少により、家計費に占める食糧支出の割合が低下しつつあったことや、良質食糧志向の強まりにともない、購入食糧に占める配給品の割合が低下しつつあったことなどを指摘できる[53]。

配給価格の引き上げが混乱なく実施できたことは、都市の消費者が食糧価格の上昇に対する一定の抵抗力ないし許容力を有していることを示しており、食糧配給制度の廃止を実施するための条件が、すでに都市（消費者）サイドにおいて整っていたことを示唆している。食糧価格の間接統制システムの形成を前提として考えるならば、配給価格が混乱なく大幅に引き上げられたことによっ

---

50) 1992年には契約買付価格も引き上げられたが、配給価格は契約買付価格の新規引き上げ分を含めても、なお売買同価となるような幅で引き上げられた。

51) ただし、広東省は他省に先がけて1988年に食糧配給価格の大幅な引き上げを行っていた（『広東年鑑1989』435頁）。

52) なお、食糧価格手当の支給額は、配給枠を完全に消化している家庭における食糧支出の増加にほぼ見合うものであり、配給枠を未消化の家庭（むしろこの方が一般的であった）においてはかえって実質的な所得の増大を意味した。

53) この直後に実施された食糧および植物油の配給制度の廃止により、消費者の手中にあった2500万トン分の食糧配給券（「糧票」）・植物油配給券（「油票」）が失効したという（中国糧食経済学会・中国糧食行業協会編著［2009: 10］）。安いが一般に品質の悪い食糧・植物油には関心のない市民も多かったということである。

表 4-5 米の配給価格と自由市場価格

(単位：元/kg、%)

年月	四川省成都市		山西省太原市	
	市場価格	配給価格	市場価格	配給価格
1991.4	1.040	0.284 (27.3)	1.500	0.380 (25.3)
1991.5	(1.040)	0.500 (48.1)	(1.500)	0.680 (45.3)
1992.4	1.100	0.720 (65.5)	1.600	1.000 (62.5)

注1）成都市はインディカ米、太原市はジャポニカ米の、いずれも精米価格。配給価格は中等標準品の価格。
　2）（　）内は各月の市場価格に対する配給価格の水準（%）。1991年5月の自由市場価格は不明なので、4月の価格で比較。
出所：童・雛編［1992: 222-223］、国務院［1992: 199］（配給価格）、『中国物価』1991年第5期、1992年第5期（市場価格）より筆者作成。

て、直接統制の撤廃に踏み切るための条件は出そろったとみてよい。

第4節　1992～1993年の市場化改革

　広東省は1992年4月、全国に先がけて、食糧売買価格の自由化、農民の国家への義務供出制度および国家による消費者への配給制度の廃止を主要な内容とする食糧管理制度の改革を行った。この改革の全国への普及はきわめて早く、1992年9月1日時点で食糧価格を自由化した地域は全国16省・自治区の408県（全国の県の19%）に達した（『中国商報』1992年9月24日）。翌1993年8月には全国28省・自治区・直轄市の280余地区・市（全国の地区・市の83%）、1900県（全国の県の88%）が食糧価格の自由化を完了しており（『人民日報』1993年8月29日）、同年11月にはチベットを除く[54] 29省・直轄市・自治区において、全国の95%に相当する県がこの改革を完成させた（『中国通信』1993年11月15日、11月18日）。

　改革の内容は全国的にほぼ同一であるから、ここでは国務院が1993年2月に

---

[54] チベット自治区では、そもそも統一買付制度を導入しておらず、したがって契約買付制度も存在しない。

出した食糧管理制度改革に関する三つの通知（国務院［1993a］、国務院［1993b］、国務院［1993c］）および広東省政府の同様な通知（広東省人民政府［1992］）に基づき、政策の概要をみておこう。

　第一に、契約買付を義務供出制ではなくする。契約買付という名称および買付数量（全国で5000万トン）は保留し、国営食糧企業が経済契約の方式によって農民から買い付ける。価格は市場相場によって上下することにする（「保量放価」）。ただし、契約買付および特別備蓄用買付の食糧については、市場価格があらかじめ政府が定めた保護価格より低下した場合には、国営食糧企業が保護価格で農民より買い付ける（それ以外の協議買付部分については低い市場価格のまま）。なお、契約買付の奨励策である「三結合」（「三掛鉤」）政策は、買付代金の一部前払いは引き続き実施するが、化学肥料およびディーゼル油の優待販売については現物支給方式をあらため、これらの生産資材の公定価格と市場価格との差を現金で支給する方式に変える。

　第二に、都市住民に対する配給制度は数量的には保留するが価格は自由化する。配給数量が形式的に保留されるといっても、価格が自由化されるわけであるから、事実上協議販売との区別はなくなるわけである。ただし、市場価格があらかじめ政府が定めた最高限度価格を超えたときには、配給を受ける権利を有している住民に対して、国営食糧商店が配給数量の範囲内で最高限度価格により販売する。

　第三に、従来中央政府が指令性改革（直接統制）によって行っていた配給用食糧の省間における過不足の調整については、今後は各省の食糧部門がお互いに交渉して契約を結んで売買するか、もしくは食糧卸売市場を通して売買することとする[55]。なお、中央政府が省間の過不足の調整から手を引くのであるから当然のこととともいえるが、大消費地の地方政府が食糧の買い付け、輸送、供給および備蓄に力を入れるべきことが求められている。

　第四に、国家（中央政府）備蓄を中心とし、国家備蓄および省・自治区・直

---

[55] 1993年2月には、全国29省・直轄市・自治区の代表が北京に集まり、省間食糧売買の契約交渉を行う会合が開かれ、全国で780万トンの成約があった（『新華月報』1993年第2号　57-59頁）。

轄市の備蓄を主とする、重層的な食糧備蓄体系を作り、食糧流通の間接統制の物的基礎とする。このうち国家備蓄制度については、すでに1990年に成立している。また、省レベルの備蓄制度の設立を助けるために、中央政府の「平価」食糧在庫（契約買付食糧および「議転平」買付食糧の在庫を指す）の管理権限を地方に移譲するとされるが、費用負担の重い過剰在庫を、体よく地方政府に押しつけたとも解釈できる。さらに、全国レベルの大型卸売市場を中心とする、重層的な卸売市場体系の形成も求められている。

　第五に、生産者価格の最低保護価格制度および消費者価格の最高限度価格制度を設ける。これらの制度の実施に必要な費用については、中央政府レベルおよび省政府レベルの食糧リスク基金（「糧食風険基金」）を設けて、この基金から支出することにする。基金の設立に必要な資金については、中央財政および地方財政の国営食糧部門への赤字補填額を3年間かけて徐々に減らし、この減額分を全額振り向けることにする。

　第六に、地方政府食糧局（庁）と国営食糧企業の分離（「政企分開」）を徹底させる。国営食糧企業は独立採算の企業として市場競争に参加し、多ルート的な流通機構のなかで主要ルートとしての地位を維持するよう努力する。さらに、食糧企業の多角経営を奨励し、そのための資金的、税制的優遇を与える。

　以上を整理すると、この改革の目標ないし政策理念が、直接統制の廃止と市場流通システムを前提にした間接統制システムの導入にあることは容易に理解できる。しかしながら、ただちにいくつかの疑問が生じる。

　第一に、改革後の契約買付の性格があいまいである。すなわち、契約買付は強制供出制ではないとされるが、全国で5000万トンという数量目標はある。1985年に導入された契約買付制度は、当初農民の自由意志による販売であるといわれながら、買付の実施に困難が生じると、翌1986年には強制的な買付制度に性格を変えた。1993年の改革において、同様な事態が起こらなかったのであろうか。

　第二に、国営食糧企業は一方で政府からの完全な独立を求められており、他方で政府が保護価格政策および最高限度価格政策を発動する際には、その実施機関（つまり政府の代理人）として機能することが期待されている。しかしな

がら、一つの組織が同時に企業としての役割と政府の代理人としての役割を果たすことが可能なのかどうか。あるいは、無理に二つの役割を果たすことが、国営食糧企業の活動に何らかの歪みを生じさせないのかどうか。

第三に、このとき、食糧価格を一定の安定帯内に維持するための費用を支出するための一種の特別会計として、初めて食糧リスク基金が作られることになったが、保護価格政策は上述したように1990年から行われていた。とするならば、1993年までの費用負担はどのように処理されていたのであろうか。

次章では、これらの疑問に答えるために、食糧主産地における国営食糧企業の経営活動や食糧買付の動向について、1993年8月に安徽省天長県（現天長市）で実施した現地調査に基づき、具体的に分析する。

第5章

主産地における食糧流通改革の動向と問題

第1節　天長県の食糧概況

　天長県は安徽省の最東部に位置し、西側を除く三方は江蘇省に隣接している。江蘇省の省都である南京まで車で約3時間、工業都市揚州へは約2時間という距離にあり、行政的には安徽省に属しているものの、経済的にはむしろ蘇南（江蘇省南部）とのつながりが強いという特殊な地理的環境にある。隣接する蘇南が郷鎮企業の急成長で有名な地区であるのに対して、天長県の工業発展はなお相当遅れており、1993年当時も食糧生産を中心とする農業地帯としての性格が強かった。天長県は、1983年に中国で商品食糧基地県制度が設けられたときに、第1期として指定された全国50県の一つであり、全国的な食糧主産地である安徽省のなかでも、とりわけ食糧生産が発展している県として特徴づけられる。

　天長県の作付体系は、一般に「米＋小麦」もしくは「米＋ナタネ」という二毛作であり、全国平均はもとより安徽省、さらには天長県が属する滁州市（旧滁県地区）と比べても、極端にこれら三つの作物に偏った作付構成となっている（表5-1参照）。

　図5-1に示したように、天長県の食糧生産は、農村改革後とりわけ各戸請負制の普及期である1981～1983年において急速に増大した。その後、全国的には食糧「徘徊」期であった1980年代後半においても（1986年を除いて）順調な

表5-1 農作物作付構成(1992年)

(単位:%)

	食糧				工芸作物		その他
		米	小麦	その他		ナタネ	
全 国	74.2	21.5	20.5	32.2	16.3	4.0	9.5
安徽省	72.0	27.5	24.1	20.4	20.6	10.2	7.4
滁州市	70.1	32.9	24.0	13.2	25.8	16.5	4.1
天長県	70.3	45.6	22.0	2.7	26.5	22.6	3.2

出所:全国および安徽省は『中国統計年鑑1993』359-362頁、滁州市は『安徽統計年鑑1993』73-75頁、天長県は筆者調査。

図5-1 天長県の食糧生産および農家食糧販売

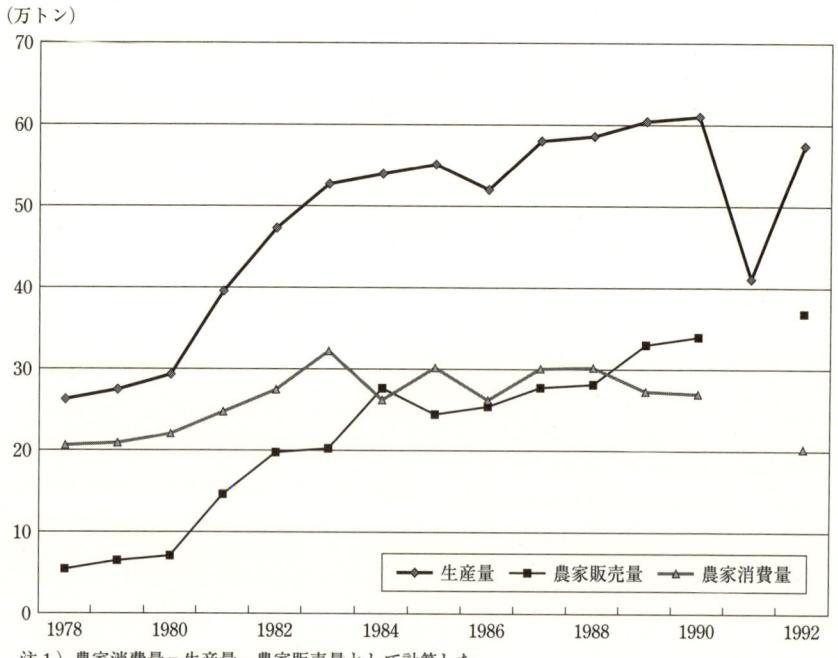

注1)農家消費量=生産量-農家販売量として計算した。
2)1991年の農家販売量は不明。
出所:天長県地方志編纂委員会編[1992:196]、謝[1993:426]および筆者調査。

第5章 主産地における食糧流通改革の動向と問題

表5-2 食糧商品化率

(単位：%)

年	全国	安徽省	滁州市	天長県
1988	34.9	38.8	48.3	49.3
1989	34.4	35.7	45.9	54.1
1990	36.6	38.8	57.5	55.6
1991	36.6	39.7	37.4	n.a.
1992	34.6	37.0	43.2	64.4

出所：全国は『中国統計年鑑1993』609頁、安徽省および滁州市は『安徽統計年鑑1989～1993』、天長県は謝揚［1993: 436］および筆者調査。

表5-3 天長県および安徽省の食糧流通概況

(単位：原糧万トン)

	天長県	安徽省
総生産量	60	2500
総商品化量	30～35	1000
県（省）外への流出	25～30（米・小麦）	500
県（省）外からの流入	5（大豆・トウモロコシ）	50

出所：筆者調査。

増産傾向を示した。1991年の大きな減産は、この地区一帯をおそった大水害によるものであって、翌1992年にはほぼ回復している。1980年代前半には食糧増産につれて農家の食糧消費も増えたが、1980年代後半には農家消費が頭打ちすることによって、増産分がほぼそのまま農家販売量（食糧商品化量）の増大に結びついている。表5-2によれば、1989年には天長県の食糧商品化率は50％を超えたが、これは全国平均や安徽省全体の数字と比べて著しく高い水準にある。

このように1990年代初頭の天長県の食糧生産は、すでにきわめて強い商品生産的性格を有していた。しかも、表5-3に概数を示したように、天長県で買い付けられた食糧のほとんどは県外に販売されるのであって（安徽省全体としても買い付けられた食糧の半分が省外に販売されている）、典型的な食糧移出県としての特徴を有している。表5-4に示したように、天長県の食糧買付に占める国営食糧部門（国営食糧企業）のシェアは、食糧流通が自由化された

表5-4　天長県の食糧商品化量と食糧部門の買付量

(単位：原糧万トン、％)

年	食糧商品化量	食糧部門買付量	その他買付量
1984	27.70	27.41 (99.0)	0.29 (1.0)
1985	24.73	21.70 (87.7)	3.03 (12.3)
1986	25.59	24.39 (95.3)	1.20 (4.7)
1987	27.89	21.65 (77.6)	6.24 (22.4)
1988	28.31	23.62 (83.4)	4.69 (16.6)
1989	32.98	26.81 (81.3)	6.17 (18.7)
1990	34.02	31.43 (92.4)	2.59 (7.6)
1991	n.a.	20.73 (n.a.)	n.a. (n.a.)
1992	36.97	23.43 (63.4)	13.54 (36.6)

注)（　）内は食糧商品化量（農家販売量）に占める割合。
出所：食糧商品化量の1984年は安徽省人民政府辦公室編［1986: 706］、1985〜1990年は謝揚［1993: 426］、1992年は筆者調査。食糧部門買付量は筆者調査。

1992年に大幅に低下するものの、複線型流通システム期の1985〜1990年には、概ね80〜90％程度を維持していた。

第2節　国営食糧企業の経営悪化

　天長県食糧部門（国営食糧企業）の食糧買付を、計画買付部分（直接統制部分）と計画外買付（協議買付）部分に分けてみたのが表5-5である。この表によれば、天長県において食糧部門の協議買付が本格的に開始されたのは1986年のことであって、全国的な動向（前掲表4-1参照）より1年遅い。これには、1985年に契約買付を開始する際に、契約買付数量を意図的に商品食糧主産地に割り振ったという当時の政策（第3章および謝［1993: 427］）が関係している。すなわち、天長県では当初、契約買付の配分数量が多かったために、その配分を消化したのちに活発な協議価格経営を行うに足る余剰食糧が残らなかったのである。天長県の契約買付の割当は1985年には22万5000トンであったが、1986年と1987年の2回に分けて削減され、1987年以降は13万7000トンとなった。この結果、天長県食糧部門は、ようやく本格的な協議価格経営を展開できるよ

第5章　主産地における食糧流通改革の動向と問題

表5-5　天長県食糧部門の食糧買付の内訳

(単位：原糧トン、％)

年	合計	計画買付	協議買付
1982	195865	186175　(95.1)	9690　(4.9)
1983	240810	230300　(95.6)	10510　(4.4)
1984	274125	269235　(98.2)	4890　(1.8)
1985	217015	212340　(97.8)	4675　(2.2)
1986	243872	176409　(72.3)	67463　(27.7)
1987	216530	143212　(66.1)	73318　(33.9)
1988	236245	135452　(57.3)	100793　(42.7)
1989	268070	141233　(52.7)	126837　(47.3)
1990	314326	304120　(96.8)	10206　(3.2)
1991	207312	100302　(48.4)	107010　(51.6)
1992	234317	129653　(55.3)	104664　(44.7)

注1) 1982～1984年の計画買付は統一買付と超過買付の合計。
　2) 1985年、1988～1989年、1991～1992年の計画買付は契約買付を指す。
　3) 1986～1987年の計画買付は、契約買付と国家委託代理買付の合計。なお、国家委託代理買付は全国的な政策としては1986年に実施されたのみであり、天長県食糧局が国家委託代理買付だとする1987年の買付は、一般に「議転平」と呼ばれる買付を指すものと考えられる。
　4) 1990年の計画買付は契約買付と保護価格買付の合計。
出所：筆者調査。

表5-6　小麦粉自由市場価格の地域間格差（1993年7月）

(元/kg)

都市名	価格
天長県仁和集鎮	0.80
合肥市（安徽省）	1.20
南京市（江蘇省）	1.30
上海市	1.40
福州市（福建省）	1.70
広州市（広東省）	1.90
天津市	1.30
大連市（遼寧省）	1.40

注1) 仁和集鎮の価格は、同鎮の1993年7月における小麦の市場買付価格（0.68元/kg）を歩留まり率85％として小麦粉の価格に換算したもの。歩留まり率の数字は、農業技術経済手冊編委会編［1984: 304］による。
　2) 合肥市以下の価格は、1993年7月15日の各市自由市場における小麦粉（普通粉または標準粉）の小売価格（『中国物価』1993年第8期、60頁）。

うになった。

　その後の協議価格経営の伸びは急速であり、1989年には食糧部門買付の約半分が協議買付となっている。契約買付された食糧は統制的なルートに乗って公定価格での配給にまわされるため、県の食糧部門として自主的な経営を行う余地はない。ところが、協議価格売買については、基本的に県の食糧部門（食糧企業）として独自の経営を許されており、自らの経営努力によって大きな利潤をあげることも可能であった。

　表5-6は、1993年7月における全国各都市の小麦粉自由市場価格を比較したものである。小麦の生産がほとんど行われていない南方の福建省や広東省と、小麦の主産地である安徽省や江蘇省とでは、同じく大都市の自由市場であっても価格差がきわめて大きいことがよく分かる。これを、産地である天長県の農村自由市場における小麦の買付価格（小麦粉に換算）と比べるならば、その価格差はなおさらである。もちろん絶対的な価格の差は年度や季節によって変動するが、表示したような地域間における自由市場価格の相対関係は一貫して存在した。したがって、天長県の食糧部門としては、協議販売の小麦の販路を遠方まで伸ばすことができれば、その分だけ大きな利潤をあげることが可能であった[56]。

　天長県の食糧部門は、協議価格による食糧売買が量的に増大する過程で、小麦価格の高い南方各地に順次保管施設を持った販売拠点を設けた。調査を行った1993年8月時点において、天長県食糧部門がこうした販売拠点を有する都市は、広東省汕頭市、同潮陽市、海南省海口市、浙江省温州市（龍港鎮）の4カ所にのぼり、福建省福安市にも間もなく設立されるということであった。以上は小麦の販売拠点であるが、これに加えて調査当時、将来的に売れ行きが伸びることが期待される、ジャポニカ米およびもち米の販売拠点を北京市に設けるべく交渉中とのことであった。1988～1989年頃の協議価格食糧経営の粗利益率

---

56) 中国の貨物運賃はたびたび引き上げられているが、1988年頃の運賃表によれば、南京―広州間の貨車積み食糧1トンの運賃は25.8元、すなわち1キログラムにつきわずか0.0258元にしかならない（李［1980: 163］）。これに比べて地域間の食糧価格差がいかに大きいかよく分かるであろう。

第5章 主産地における食糧流通改革の動向と問題

表5-7 国営食糧企業の損益

(単位：万元)

年	安徽省	滁州市	天長県
1982	(－)	n.a.	n.a.
1983	+1400	n.a.	n.a.
1984	⎫	n.a.	n.a.
1985	⎬ +10000	n.a.	n.a.
1986	⎭	n.a.	n.a.
1987	+3400	n.a.	n.a.
1988	+4700	(＋)	n.a.
1989	+12800	+5047	n.a.
1990	－98000	(－)	－2186
1991	－115000	(－)	－2989
1992	－11000	(－)	－2118
累積債務	－264700	－61600	－9366

注1）財政補填後の損益。
　2）累積債務は1992年末現在。
　3）符号のみ示した年は、具体的な金額は不明であるが、利益（＋）もしくは損失（－）が計上されていることを確認できる。
出所：筆者調査。

は、天長県を含む滁州市の国営食糧企業の平均で20％に達した。

　表5-7は、天長県ならびに滁州市、安徽省の国営食糧企業の経営収支をみたものである。滁州市の数字は天長県を含む同市内の各県の国営食糧企業の経営収支の合計、同様に安徽省の数字は全省の国営食糧企業の経営収支の合計を表している。残念ながら天長県の1989年までのデータは得られなかったが、この表は安徽省全体として国営食糧企業が1983年から1989年までの7年間連続して黒字経営にあったことを示している。滁州市の食糧企業は、1989年に全体で5000万元程度の黒字をあげているが、天長県が滁州市全体の食糧移出量の5分の1程度を占めていることから類推して、同年の天長県食糧企業の黒字も1000万元程度に達したのではないかと思われる。

　安徽省の国営食糧企業が1989年まで黒字経営基調にあったのは、協議価格経営から利益があがったからであったが、1990年に一転して赤字に陥ったのは、この年に大規模な保護価格買付を行ったことと関係している。すでにみたよう

図5-2 天長県の水稲買付価格

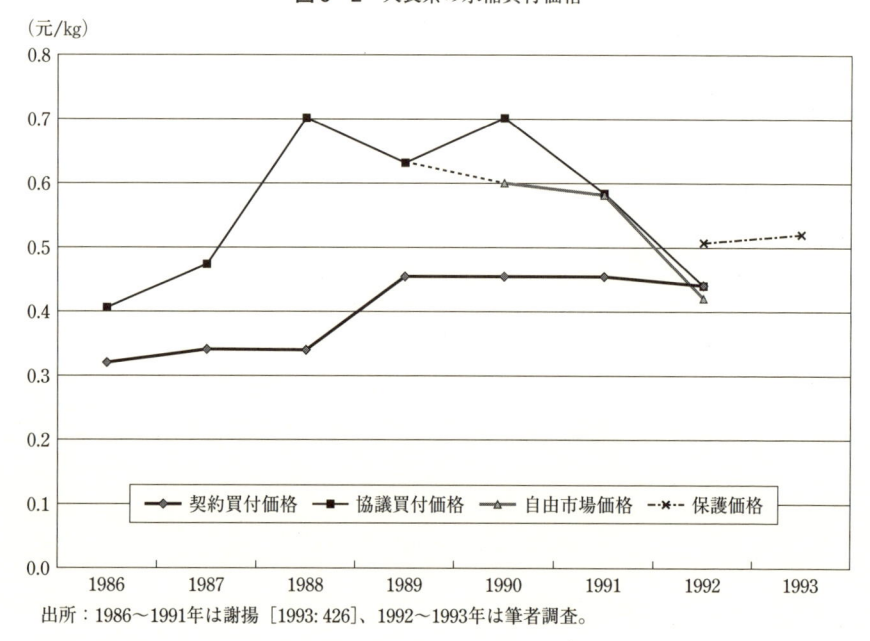

(元/kg)

凡例: ━◇━ 契約買付価格　━■━ 協議買付価格　━△━ 自由市場価格　‑‑×‑‑ 保護価格

出所:1986~1991年は謝揚［1993:426］、1992~1993年は筆者調査。

に、中国政府は1990年の食糧市場価格の下落と農家「販売難」の発生に際して、各地の食糧部門に対して保護価格による無制限買付を行うように指示した。前掲表5-5の1990年の欄から明らかなように、天長県食糧部門はこの年通常の市場価格による協議買付はほとんど行わず、22万トン程度と推定される保護価格による特別備蓄用の買い付けを行った。この年の食糧部門の買付シェアは、大量の保護価格買付を行ったために前年を10ポイント以上上まわり、1986年以来4年ぶりに90％を超えた（前掲表5-4参照）。農民の食糧が価格的に有利な食糧部門の買付に殺到したのである。

図5-2および図5-3は、天長県の水稲と小麦の買付価格の動向をみたものである。1991~1992年（小麦は1991~1993年）において、協議価格と市場価格がほぼ一致しているのに対して、1990年のみ協議価格が大きくかけ離れて高い水準にあることが分かる。本来、協議価格は市場価格に準じて決定されるものであり、1991~1992（1993）年の事態が正常なのである。1990年の協議価格はす

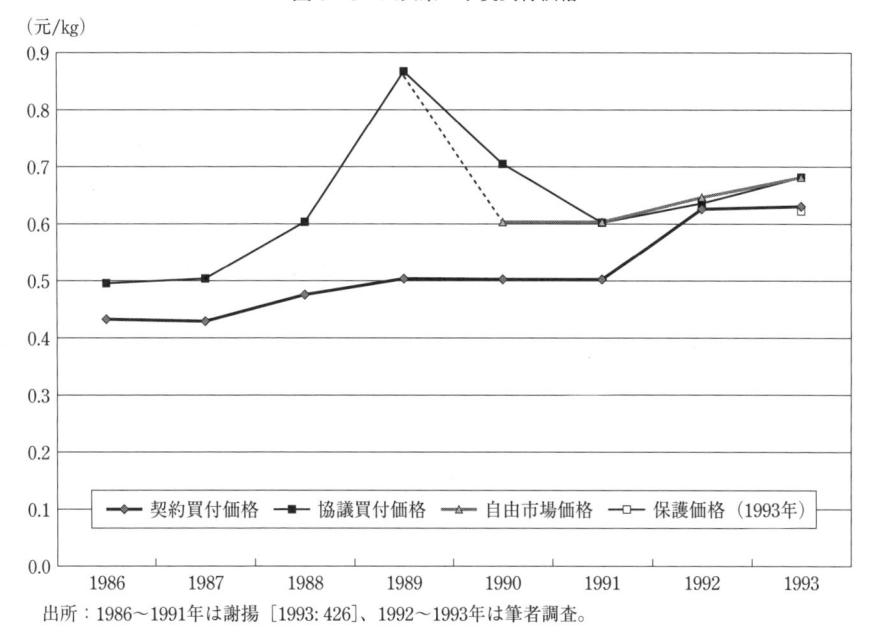

第5章　主産地における食糧流通改革の動向と問題

図5-3　天長県の小麦買付価格

(元/kg)

凡例：契約買付価格　協議買付価格　自由市場価格　保護価格（1993年）

出所：1986〜1991年は謝揚［1993: 426］、1992〜1993年は筆者調査。

なわち保護価格の水準を表している（もし1990年に保護価格買付を実施しなかったとすれば、協議買付価格は図中の点線のように推移したであろう）。

　保護価格買付を行った結果、天長県の食糧部門はいかなる問題を抱えたのであろうか。謝［1993: 425、447］によれば、1991年9月末現在の天長県食糧部門の食糧在庫31万2000トンのうち、保護価格買付による特別備蓄食糧の分は80％にも達した。特別備蓄食糧の買付および保管に必要な資金の天長県食糧部門への貸付は、同県内の銀行貸付残高の48％にも達した。これら貸付金のうち、天長県食糧部門が負担（返済）しなければならない部分だけでも6742万元に達した。銀行借入金を返済するには、特別備蓄食糧を販売してしまうのが最も手取り早い方法であるが、特別備蓄食糧の管理権限（「糧権」）は中央政府（国家食糧備蓄局）にあるから、県食糧部門が勝手に販売するわけにはいかない。

　その後1992年末には、天長県食糧部門（食糧企業）の累積赤字（銀行の帳簿上に食糧企業の不良債務として累積した額）は9366万元に達した。県食糧部門

は、これらの債務の大部分は保護価格買付など政府の食糧流通政策を行うために借り入れたものであり、政府が財政的に補填すべきものだと考えており、自ら返済する意志はない。食糧部門の累積赤字は安徽省全体では26億4700万元に達するが、省食糧部門はこのうち92.8%を政策の実施にともなう損失とみなしており、食糧部門自身に責任がある経営的な損失は7.2%しかないとしている（農業部赴安徽省蹲点調査組［1993: 13］)[57]。

　保護価格買付は、食糧価格の下落に対して中央政府が農民保護の見地から発動したものであるが、その実施に必要な経費を中央財政からはほとんど支出せず、その負担を実際に保護価格買付を行う食糧主産地の地方政府（省級政府）に転嫁した。ところが、一般に食糧主産地政府の財政基盤は脆弱であり[58]、必要経費が地方財政（省級財政）からも支出されないまま、保護価格買付実施に必要な資金がとりあえず銀行（県農業銀行）から県食糧企業への貸し付けという形で支出されたのであった。

　その大部分が保護価格買付に起因する天長県食糧企業の累積赤字9366万元（1992年末現在）は、同企業の経済力をはるかに超越している。かりに天長県食糧企業が純粋な意味での企業であれば、この時点ですでに倒産していたであろう。あるいは、そもそも純粋な企業であれば、費用負担関係が不明瞭な保護価格買付政策を引き受けて実行するはずもない。このことは、中央政府のスローガンにもかかわらず、食糧部門における政府と企業の分離（「政企分開」）が実態として全く進行していなかったことを示している。

　同様なことは、食糧部門に対して多額の貸し付けを行った中国農業銀行についても当てはまるのであって、商業銀行化を進める過程で高い利回りを求めて郷鎮企業貸付を増やし、農業貸付を削減することがあるかと思えば、政府の指

---

[57] なお、1991年末時点での安徽省食糧部門の累積赤字は、湖北省、湖南省、黒龍江省、吉林省に次いで全国で5番目に多かった。安徽省より上位にある省のすべてが、安徽省同様に重要な食糧主産地である。

[58] たとえば、安徽省財政の累積赤字は1992年末現在で11億7800万元に達し、省内の72県（市）の財政も70%以上が赤字であった。さらに省の財政支出の80%以上が「人頭費」（職員の人件費等）であり、生産的な支出に用いることのできる部分は20%に満たなかった（農業部赴安徽省蹲点調査組［1993: 11］）。

令があればこうした返済の可能性の低い食糧買付資金の貸し付けを行ったりもする。中国の経済改革における政府と企業の分離あるいは国営企業の改革というテーマはきわめて複雑であり、これ以上深入りはできない。ここでは、1990年代に保護価格買付という政策がまがりなりにも実施できた背景に、国営食糧企業や農業銀行の企業改革の不徹底という要因があったことのみを指摘しておく。

いずれにしろ、1990年の保護価格買付は、政策遂行に必要な費用の負担関係が不明瞭なまま、政策だけが一人歩きして大量の食糧買付が行われてしまった。費用負担は最終的には実際に買い付けを行った国営食糧企業に転嫁され、食糧産地の国営食糧企業の銀行に対する膨大な債務として放置された[59]。国営食糧企業の「政府」としての役割に起因する巨額な債務は、「企業」としてのその経営に大きな重荷となった。こうした状況において、食糧流通の自由化が行われた。

第3節　流通自由化後の国営食糧企業の経営

複線型流通システムの時代に活発な協議価格経営を行い、大きな利益をあげた天長県食糧部門は、保護価格買付の実施によって大きな赤字を背負い込むことになった。これは、食糧部門が二重に持つ性格のうち、「政府」としての機能が発揮されたことによるものである。他方、天長県で食糧流通の自由化が進む1992年以降、食糧部門は「企業」としての性格を強く示すようになった。こ

---

[59] 中央政府が、保護価格政策の実施にともなう国営食糧企業の赤字の処理方法について初めて言及したのは、おそらく1993年11月の中共中央・国務院「当面の農業農村経済発展に関する若干の政策措置」においてだと思われる。このなかで中央政府は、食糧主産地および貧困地区の政策的要因に基づく銀行債務については、利子停止の措置をとるとしているが、債務返済自体は地方政府の責任で5年以内に処理するよう求めている。なお、広東省政府は1992年の食糧流通改革に関する通知のなかで、それまでの政策的要因に基づく食糧企業の債務については、地方財政（省・市・県の各レベルを含むと思われる）が分割して徐々に補填するとしており、債務返済前の利子についても地方財政が負担するとしている（広東省人民政府 [1992: 16]）。

こでは、流通自由化後の国営食糧企業の食糧買付に焦点をあてよう。

安徽省が正式に食糧契約買付価格の自由化等の改革を実施するのは1993年4月のことであるが、天長県では事実上それより1年早い1992年に、この改革を実施した。これは、隣接する江蘇省南部地区が1992年に食糧価格の自由化を行ったため、食糧流通上のつながりの強い天長県としてはこれに追随する必要があったためである。

食糧契約買付価格が自由化された1992年から、安徽・江蘇両省境に隣接する天長・来安（以上安徽省）、六合・儀徴・揚州・高郵・金湖・盱眙（以上江蘇省）の8県（市）の国営食糧企業は、年2回小麦と米の買付期の前に、お互いの契約買付価格を相談して決定することにした。これは一種の談合価格であるが、この際に参考にするのはこの地域の自由市場の相場であり、基本的には市場メカニズムによって価格決定がなされていると考えられる。なお、これらの8県（市）の間での契約買付価格の差は1キロ当たり0.02元程度とのことであったが、これは天長県内の調査村と隣接する揚州市との間での自由市場価格の差とも一致している。

中央政府の買付政策によれば、米と小麦の契約買付価格は1992年に大幅に引き上げられるはずであった。前掲図5-2の保護価格（1992年）が、中央政府の定めた米（籾ベース）の契約買付価格に相当するが、天長県食糧部門はこの政策を実施せず、上述の談合に基づく低い契約買付価格を公布した。天長県食糧部門のこうした対応について、資金不足のために高い契約買付価格を実施できなかったという説明もできる（中央政府が定めた契約買付価格を実施することによって生じる損失を財政が補填するという保証があれば事態は変わったかもしれない）が、自由市場価格が下落するなかで、より低い契約買付価格によっても十分買い付けを行い得るという判断があったとも考えられる。

前掲図5-3によれば、天長県の小麦の契約買付価格は、1992年に大幅に引き上げられており、この引き上げ幅は中央政府の決定とも一致している。ここで、なぜ小麦については中央政府の価格政策が守られ、米については守られなかったのかという疑問がわくが、小麦についても米同様に自由市場相場を参考にして契約買付価格を決めた（もしくは同じことであるが、中央政府の公定価格が

この地域の自由市場相場と大差なかったので、それを採用した）と考えれば理解できる。

さらに、1993年の小麦契約買付価格の水準についても、興味深い事実を指摘できる。すなわち図5-3によれば、この年の天長県の契約買付価格の水準（1キロ当たり0.63元）は自由市場価格の水準（0.68元）より大幅に低い。このことは、自由化後の契約買付価格の水準が自由市場相場によって決定されているという、ここまでの記述に反するように思われるかもしれないが、そうではない。ここで思い出してもらいたいのは、契約買付の奨励策である「三結合」政策の実施方式が、この年から現金支給に変わったという点である。

国務院［1993b: 101-102］によれば、「三結合」奨励策の現金支給額は小麦1キロにつき0.084元（うち中央財政の負担分0.057元、地方財政の負担分0.027元）とされている。この分を全額契約買付価格に上乗せすれば、農家が国営食糧企業から受け取る金額は0.714元（0.63元＋0.084元）となり、自由市場価格を上まわる。もし地方財政負担分の0.027元は安徽省政府の財政資金不足により実際には支払われなかったと考え、中央財政負担分の0.057元だけを契約買付価格に上乗せすれば0.687元（0.63元＋0.057元）となり、この場合はほぼ自由市場価格と一致する[60]。

このように価格自由化後の契約買付価格が自由市場相場を参考に決定されるようになったことによって、産地の食糧価格は複線型流通システム時代の「一物二価」すなわち契約買付価格および自由市場価格（≒協議買付価格）から「一物一価」に変わった。

なお、唐［1993: 36］は河南省について、小麦の1993年の契約買付価格が自由市場価格より低く、「三結合」政策の価格上乗せ分を加えてようやく自由市場価格並みになるという、天長県と同様な事例を紹介している。この論文のなかで唐は、契約買付価格は本来自由市場価格並みに決定されるべきであり、

60）なお、いうまでもなく自由市場価格は常時変動しているのであり、契約買付価格がある時点のそれと一致していることをいってもあまり意味はない。ここでは、自由化後の契約買付価格が自由市場相場を参考にして決定されているということが確認できれば十分である。

「三結合」政策の現金支給額はさらにこれに上乗せされるべきだとして、河南省の国営食糧企業の行動を批判している。たしかに、中央政府の政策理念としては唐のいうとおりであろう。ところが、産地市場において「一物一価」が成立していれば、国営食糧企業は契約買付価格として自由市場並みの価格を提示するまでもなく、そこから「三結合」政策の現金支給額を引いた価格を提示できれば、十分に農家からの買い付けを行えるのであって、国営食糧企業が企業（最大利潤を追求する通常の意味での企業）として行動するのであれば、むしろこうした低い価格を提示するのが当然ともいえるのである。

ところで、指令性計画（直接統制）でなくなったあとの食糧契約買付の、農民にとっての履行義務は、どの程度のものなのであろうか。この点について、天長県の農村幹部は「農民にとって契約買付の履行義務は、自由市場価格が契約買付価格より高いときには消滅し、自由市場価格が契約価格より低くなったときに出現する」という説明をしている。つまり、農民は常に価格のより高い相手に売るのであり、形式的には契約買付の割当はあるが、実質的な拘束力は弱いということである[61]。

それでは、契約買付が直接統制からはずれたことの、食糧部門にとっての意義はどのような点にあるのであろうか。契約買付が直接統制の対象とされた時期には、この部分の食糧経営にともなう赤字は国家が補填するという建前であり、天長県においても毎年数百万元程度の財政補填がなされていた（実際には支給される補填額だけでは赤字を埋めるのに十分ではなかったが、少なくとも政策の建前としては、この部分の赤字は全額補填されるべきものである）。ところが、天長県食糧部門によれば、1993年以降においては食糧経営にともなう一切の財政補填は廃止された。

これに対して、天長県食糧部門は、直接統制時代の契約買付食糧の管理権限は国家にあり、改革後は食糧部門（食糧企業）にあるという理解をしている。

---

[61] この点について、食糧流通を所管する国内貿易部（当時）の年鑑（『中国国内貿易年鑑1994』Ⅳ-1頁）は、「多くの省が（指令性計画としての―引用者）国家契約買付を撤廃し、農商契約もしくは経済契約に変えたので、基層幹部の任務観念と農民の義務観念が弱くなった」と指摘している。

直接統制時代には、契約買付食糧について公定価格での県外への移出義務があったが、改革後この任務はなくなった。どこに売ろうがいくらで売ろうが食糧部門の勝手であり、もちろん利益をあげてもよい。すなわち、一言でいうならば従来の協議買付と同じだというのである。上にみた契約買付価格の決定の仕方も、天長県食糧部門が直接統制撤廃後の契約買付を、事実上協議買付と同じものと考えていることを表している。

天長県の事例から判断するかぎり、国家の直接統制でなくなった契約買付は、農民にとっても食糧部門にとっても、完全に行政指令的な任務としての意味を失い、実態として協議買付と変わらない。従来の協議価格売買が食糧部門にとって「企業」としての活動領域であり、流通システム的には市場流通（自由流通）としての性格を持っていたことを考えるならば、改革後の天長県の食糧流通過程は全面的に市場流通システムに委ねられたといってよい。

最後に、天長県における保護価格買付についてみておこう。すでに述べたように、天長県では1990年に大量の保護価格買付を行うことによって、食糧部門が大きな赤字を背負った。ところが、1992年の水稲買付においては、中央政府の定めた契約買付価格（当時この価格が自由市場価格より高かったことからすれば保護価格としての性格をも有する）を実施せず、自由市場相場での買付を行った。企業化を進める食糧部門とすれば、必要経費が財政的に補填される保証のない価格政策は行えないということである。1993年には中央政府が2月に保護価格の水準を決定、公表している。この水準は前掲図5-2、図5-3に示したとおりである（水稲は中季インディカの保護価格を適用）が、天長県の小麦の自由市場価格は中央政府が定めた保護価格の水準を上まわっており、保護価格買付の発動という事態は発生し得ない。

水稲については、調査時点ではまだ天長県の契約買付価格の決定はなされていなかったが、県食糧部門の説明によれば、（契約買付価格が自由化されたといっても）中央政府の規定では契約買付価格は必ず保護価格と同じか、それより高くなければならない。つまり、自由市場価格の水準が中央政府の定めた保護価格より下落した場合には、契約買付価格は自由市場相場によってではなく、保護価格の水準によって決定されなければならないということである。いうま

でもなく、これこそが中央政府の考える価格の間接統制の内容であるが、問題は誰がこの場合の価格支持の費用を負担するかということにある。1992年の水稲買付の事例が示しているように、経営の企業化を進める食糧部門は、保護価格の発動が要請されても、費用負担の問題が解決されない限り、それを実施しない可能性が高い。

中央政府の方針によれば、保護価格買付に必要な資金は食糧リスク基金を作り、そこから支給するということであった。ところが実際には、食糧リスク基金の設立は1993年11月時点においても、なお財政部が関係部門とともに実施細則を検討中という段階にあり（『中国通信』1993年11月15日）、1993年の水稲の収穫期には間に合わなかった（食糧リスク基金が公式に設立されたのは1994年）。後述するように、1993年の水稲市場価格は全国的に高騰したので、結果的に保護価格買付は発動されなかったが、仮に保護価格買付を実施すべき局面が発生していたとすれば、費用負担をめぐる混乱は避けられなかったと思われる。

第4節　食糧流通ルートの多様化

最後に、天長県における国営食糧企業以外の食糧流通主体の動きをみておこう。前掲表5-4から明らかなように、天長県における国営食糧部門の買付シェアは、同県の事実上の食糧流通自由化初年である1992年に劇的に下がっている。表5-8は1992年における業態別の買付量をみたものである。単独では供銷合作社が国営食糧企業に次ぐ大きな食糧流通主体であり、業態としては個人または民間の食糧企業のシェアが高いことがみてとれるであろう。

このうち、供銷合作社は国営食糧企業を除けば、天長県における最も重要な食糧流通主体である[62]。すなわち、天長県の供銷合作社は1984年から食糧流通に参入し、同年の買付量は約4000トンであったが、その後急速に買付を増やし、

---

[62] 高［1990b: 905-906］によれば、全国的にみても、供銷合作社は一般に国営食糧企業に次ぐ大きな食糧流通主体である。

第5章　主産地における食糧流通改革の動向と問題

表5-8　天長県の業態別食糧買付量（1992年）

(単位：原糧トン、%)

業　態	買付量
国営食糧企業	234317（63.4）
供銷合作社	33523（9.1）
その他の国営商業企業	11706（3.2）
個人商人または民間食糧企業	60688（16.4）
自由市場における農民の直接販売	16767（4.5）
そ　の　他	12711（3.4）
合　　計	369712（100）

出所：筆者作成。

　1992年の買付量は3万3500トン（表5-8による；供銷合作社自身の説明では4万トン）に達した。供銷合作社は、農村部に自らの食糧買付施設を有するほか、食糧倉庫や精米所も備えている。大量の買付を行う供銷合作社の買付価格の水準は、天長県の食糧相場を決める重要な要素となっている。

　供銷合作社の説明によれば、供銷合作社は自身が直接農民から約4万トンの食糧を買い付けるほかに、県の食糧部門からも約4万トンの食糧を買い付け、合わせて約8万トンを県外に販売（転売）しているということであった。この点について食糧部門からの裏付けはとれなかったが、事実とすれば供銷合作社の県外販売は天長県の食糧移出量の30％前後にも達することになる。供銷合作社の食糧県外販売先としては、江蘇省・浙江省・福建省が多く、国営食糧企業に比べると販売先の距離が相対的に短いという特徴がある。また、取引先としては、供銷合作社は少なく、むしろ国営食糧企業が多い（このことは供銷合作社が農村部の流通機構であり、消費地には販売網を持たないということと関係している）。なお、固定的な販売先は少なく、単発的な取引が多いということであった。

　企業の登記や営業許可証の発行を行う政府部門である工商行政管理局によれば、天長県では食糧流通自由化後、食糧部門以外の国営企業や集団所有制企業、私営企業、個人商人などの食糧流通への参入が相継ぎ、登記企業（個人を含む）は自由化前の4倍の350数社（戸）となった。また、食糧部門の調査によ

れば、流通自由化後の食糧流通業者（個人を含む）の数は600社（戸）に達するとのことであった。食糧部門調査は未登記業者を含むから、実態は後者の数字に近いものと思われる。こうした食糧流通主体の大部分は、小規模な個人業者である。1992年における国営食糧企業の買付シェアの低下は、主にこうした新規の参入業者によって蚕食されたことによる。

　一方、個人業者（個人商人）の食糧経営は取扱量が小規模であり、交易範囲も狭い。彼らは一般に固定的な買付施設を保有しておらず、農家の庭先に出向くか、収穫期に臨時に自由市場に店を構えるかして食糧を買い付ける。個人業者は保管施設を有さないから、買い付けた食糧はただちに県内または隣接する江蘇省に販売（転売）する。天長県のなかでもとくに江蘇省境に近い調査村では、隣接する江蘇省揚州市の自由市場価格が地元の自由市場価格より1キロにつき0.02元（3％）あまり高く、これだけの価格差があれば量さえ集まれば十分商売になるとのことであった。これとは逆に、この価格差を利用するために、江蘇省から天長県に買い付けに来る個人業者もいる。このなかには、最初から江蘇省の食糧企業の依頼を受けた仲買人もいるとのことである。

第5節　展望

　1993年の調査当時、その後の国営食糧企業の買付シェアの動向について、二つの可能性が考えられた。すなわち、(1) 国営食糧企業がその後も引き続き買付シェアを下げて、多くの食糧流通主体の一つにすぎない地位まで落ち込むのか、(2) それともいくらかシェアを下げるにしても、引き続き食糧流通の幹線的なルートとしての地位を守るのかということである。

　中国では野菜や肉、タマゴ、水産物などの生鮮食料品について、1980年代半ばまでに次々と流通を自由化した結果、1990年代半ばには、ごく一部の大都市を除いて、国営商業部門の取扱量は皆無に近くなってしまった。もちろん、交通手段や冷蔵施設が未発達な当時の中国において、市場圏が狭く取引単位も小さくならざるを得ない生鮮食料品と、長距離輸送や長期保存も可能な食糧とは同列に取り扱えないにしても、食糧について野菜等と同様な事態が発生しない

第5章　主産地における食糧流通改革の動向と問題

という保証はなかった。

　他方、国営食糧企業が一定のシェアを維持するであろうと考えるべき理由もあった。第一に、中国は国土が広く地域間の食糧市場価格の差がきわめて大きい。ところが、天長県の事例では、食糧の遠隔地取引を本格的に行っているのは国営食糧企業と供銷合作社だけであり、遠隔地に販売拠点を持っているということに限定すれば国営食糧企業だけであった。これは、比較的取引単位が大きい食糧の遠隔地取引においては、在庫能力や輸送手段（とくに鉄道貨物）の確保能力、市場開拓力や信用力において国営食糧企業が優位にあることを示している。地場市場や近距離間取引において、生鮮食料品同様に民間流通業者のシェアが高まることがあっても、遠隔地取引を確保することによって国営食糧企業が引き続き一定のシェアを維持するというシナリオはあり得ないものではなかった。

　第二に、国家が国営食糧企業に対して食糧流通の間接統制を行う政府の代理人としての役割を期待しているとすれば、食糧供給が過剰となり食糧価格の下落や農家の食糧販売難が生じた際に、政策的に国営食糧企業に大量買付を行わせることで、結果的に一定の流通シェアが維持されるという展開もあり得ないではなかった。とくに、1990年の天長県の例がそうであったように、保護価格買付の実施は、一時的には必ず国営食糧企業の買付シェアを引き上げることになる。

　国営食糧企業が一定の流通シェアを維持するかもしれないとする以上の二つの理由のうち、第一は国営食糧企業が「企業」として生き残る可能性を想定している。これに対して、第二のケースは、国営食糧企業が「政府」としての性格を有しているために、流通シェアが維持されるということであり、経営内容的にはかえって悪化していることが想定された。

　その後の中国の食糧流通は、本書のこの後の叙述から明らかになるように、基本的には当時想定された（2）の可能性のとおりに進行した。そうなった要因としては、上述の二つの理由がともに関係しているが、1990年代後半にはとくに第二の要因が強く影響した。そのため、国営食糧企業の経営は、この後さらに悪化する時期を迎える。

第6章

保護価格買付と1998年「改革」

(1993～2000年)

第1節　1993年の食糧市場価格高騰と複線型流通システムへの回帰

1. 1993年の食糧市場価格高騰

　中国は1993年10月以降、食糧市場価格の激しい高騰に見舞われた。1993年の食糧価格の上昇は、一般に広東省広州市から始まったといわれている。広州市では1993年10月下旬に米価の暴騰が始まり、同年11月11日の食糧小売価格は10月に比べて30％も高くなった。広東省の食糧価格の上昇は、またたく間に周辺の各省に波及した。江西省萍郷市では、同年11月15日から25日にかけて米価が毎日上昇する有様で、市政府は緊急通知を出して、11月29日から食糧通帳（「糧本」：日本の米穀通帳に相当する）を復活させた（これを用いて市民に低価格で一定量の食糧を供給するということ）。湖南省湘郷食糧卸売市場のインディカ早稲の1キロ当たり価格は、同年11月25日の午前には1.18元であったが、午後には1.52元に上がった。同様にインディカ良質晩稲の1キロ当たり価格は1.60元から1.85元に上昇した（李・張［1994: 15-16］）。福建省南平地区では、1993年12月上旬のわずか数日間に、標準一等インディカ晩稲の1キロ当たり価格が0.3元上がり、市民の激しい不満と心理的な不安を招いた。大学や専門学校の学生のなかには、デモやストライキに訴えようといいふらすものもあった

という（葉・何［1994］）。

　南方における米価の上昇は、すぐに北方の小麦粉価格にも飛び火した。小麦の主産地である山東省臨朐県の糧油卸売市場における特別一等小麦粉の価格は、1キロ当たり1.12元で安定していたが、1993年11月下旬に1.40元まで上昇した。青島、天津、北京などの大都市の価格上昇はさらに大きかった。東北三省、河北省、山西省の食糧価格は同年11月中旬から上がり始め、12月には高騰期を迎えた。こうした食糧市場価格の上昇は、チベットを除く全国の大部分の地区に波及した。価格上昇が大きかったのは、米、小麦および食用油であり、トウモロコシ、緑豆、小豆、ゴマ、大豆などは、これに引きずられて値が上がったものの、実際の需要は旺盛でなく、高い値段では売れなかった（李・張［1994: 16］）。

　中国政府は、このような価格上昇に対して、国有食糧商店（「糧店」；国有の米屋）を通じて国家特別備蓄食糧を放出したり、国有食糧商店の食糧価格を統制したりするなどの措置をとった（張・孫［1994］）。こうした措置が功を奏して、食糧市場価格は1993年末ないし1994年初めにいったん落ち着きを取り戻したかに思われたが、1994年6月以降再び激しい上昇を開始して、1995年秋まで価格の上昇が続いた。なお、このときの備蓄食糧の放出は、国家特別備蓄食糧制度成立（1990年）後初めての、本格的な食糧市場介入であった（『中国農業年鑑1995』176頁）。

　余［1994］は、1993年末の食糧価格上昇の要因を以下の五つに整理している。(1) インフレの影響。(2) 南方沿海諸省における食糧（とくにインディカ早稲）生産の減少と出稼ぎ農民の流入による需要増がもたらした局部的な需給アンバランス。(3) 内陸の食糧主産地が南方大消費地からの買付に対して「地域封鎖」で対抗したため、結果として消費地市場価格の一層の高騰と、その影響による産地価格の上昇がもたらされた。(4) 食糧流通企業の投機的な行動。国有食糧企業[63]もこの例外ではなく、買いあさり、売り惜しみ、在庫積み増し

---

[63] 中国の国有企業は元々「国有国営企業」であったが、国有企業改革の進展にともない、この頃から徐々に大企業を中心とする「国有民営」化と、中小企業の民間への払い下げ

などによって、価格上昇を後押しした。(5) 輸入食糧に対する価格補填政策の廃止と食糧の国際市場価格の上昇により、輸入需要が国内需要に転化した。

このうち、(3) と (4) は食糧流通システムの欠陥に関わる。中国において、マクロ的な需給がタイトになったとき、あるいは地域間の需給バランスがくずれたときに、主産地（あるいは余剰地区）が地域的な買付計画の達成のため、あるいは地域内の物価の安定のために、生産物の地域外への販売を禁止する「地域封鎖」措置をとることは、それ以前からしばしば指摘されていた。また、その対象となる品目も食糧だけではなく、綿花や繭、羊毛、豚など、その時々で様々な農産物に及んだ。「地域封鎖」は、実際の需給バランス以上に消費地における品薄感を増すので、結果として市場価格の一層の上昇を招く。「地域封鎖」は、実際には商人の活躍によって封鎖網を破られることが多いが、逆に封鎖が成功した場合には、主産地の農民が当然手にすべき価格上昇分の利益が、地方政府によって奪われたという見方もできる。

1993年の食糧市場価格の上昇局面において、国有食糧企業の果たした役割が大きかったことについては、多くの論者が指摘している。李・張［1994: 16-17］によれば、食糧流通自由化後、国有食糧企業の経営目標は超過利潤の獲得に転化しており、市場価格が上昇する動きを察知すると、毎週のように販売価格を引き上げたという。国有食糧企業は、食糧流通の幹線ルートであり、その価格引き上げは市場全体の価格に影響する。なお、先の「地域封鎖」措置と国有食糧企業の超過利潤追求が結びつくと、農民から安く買い付けた計画内の食糧を、国有企業が計画外の食糧として高値で地域外に転売して儲けるといった事態も発生する。

による「民有民営」化が進んだ。そのため、従来の「国営企業」という呼称も、公式には「国有企業」という呼称に変えられた。こうした事情を考慮し、本章より「国営食糧企業」という表現に換えて「国有食糧企業」という表現を用いる。ただし、実際には国営食糧企業の企業改革のテンポは遅く、なかなか政府と企業の分離（「政企分開」）が進まなかった。実態としては、1990年代を通じて、大部分の県で「国有国営企業」（正確には県政府所有県政府経営）の状態が続いた。この時代、多くの県の国有食糧企業の社長は、県政府の糧食局長ないし副局長の兼任であった。

2. 食糧流通政策の見直し

　第4章で述べたように、1993年11月の時点で全国の95％の県が、食糧売買価格の自由化、農民の義務供出制度および消費者への配給制度の廃止を主要な内容とする食糧流通制度改革を実施済みであった。この年10月に開催された中央農村工作会議は、こうした動きの延長上で、1994年にも、1993年に引き続き以下の食糧流通政策を実施することを、改めて確認していた。(1) 国家契約買付の数量は保留するが買付価格は自由化する改革（「保量放価」）を全国で実施する。(2)「三結合」の現物支給を止めて現金支給にする。(3) 食糧売買価格の自由化後、買付価格に保護価格制度を導入する。保護価格は、食糧生産コストと食糧需給状況に基づいて毎年一度確定し、前年の秋（翌年の春小麦の播種前）に公布する[64]。(4) 保護価格買付の実施のために食糧リスク基金（「糧食風険基金」）を設立する。中央および地方財政は、食糧価格自由化によって不要になる国有食糧企業に対する逆ざや補填をすべて食糧リスク基金にまわす。(5)（保護価格買付した食糧をもとに）中央および地方の食糧備蓄システムを作る。食糧備蓄は、災害や緊急事態に備える以外に、主として食糧市場の価格調整に用いる（『中国糧食発展報告2004』128頁）。

　ところが、1993年10月下旬に始まった食糧市場価格の高騰は、こうした政府の方針を全面的に見直させることになる。すなわち、1994年3月に開催された中央農村工作会議は[65]、食糧流通体制改革について、政府が必要な食糧を掌握し、マクロコントロールを強化することを強調している。また、食糧政策に関係する部分としては、工業製品と農産物の価格シェーレを徐々に解消し、農民の食糧生産積極性を引き出そうと主張している点も注目に値する（『中国糧食発展報告2004』128頁）。このような政策理念から導き出される政策は、一方で

---

64) 1993年の保護価格の水準は、前年の契約買付価格並みとされた（『中国農業発展報告1995』51頁）。

65) 中央農村工作会議は、その年の農業政策の総括と翌年の農業政策の方針決定のために年末に開催されるのが一般的であり、前年10月に実施しているにもかかわらず、3月に再び開催するのはきわめて異例である。

第6章　保護価格買付と1998年「改革」

の食糧流通統制の再強化と、他方での食糧政府買付価格の大幅引き上げとなる。実際、後述するように1994年から1998年頃までの食糧流通政策は、この二つの方針に沿って進められた。食糧買付自由化改革の実施後、市場価格が高騰し、流通統制が再強化されたという意味では、1985年改革後の状況も1993年改革後の状況も同じであるが、政府買付価格を低いままに維持したか、大幅に引き上げたかという点では、本質的な違いがある。

1994年3月の農村工作会議における議論を踏まえて、同年5月に出された国務院「食糧買付販売体制改革の深化に関する通知」（国務院［1994］）は、政府食糧部門が商品食糧の70～80％、すなわち貿易糧単位で9000万トン前後を必ず買い付けねばならないとした。さらに、9000万トンのうちの5000万トン（契約買付）は政府が下達する食糧部門の任務であり、農民にとっては販売義務（強制供出）であるとした。契約買付価格は公定価格として中央政府が定める（ただし省級政府が一定範囲内で調整してもよい）とされた。残りの4000万トンについては市場価格（協議買付価格）で地方食糧部門が買い付けるとされており、農家には供出義務はないが、地方食糧部門にとっては必ず買い付けなければならない指令性計画指標ということになる[66]。こうして、1992年から1993年にかけて全国各地で実施された、食糧の複線型流通システムを市場流通システムに一本化する改革は、わずか1～2年で失敗に終わり、1994年以降の食糧流通システムは再び複線型流通システムに戻ってしまった。

さらに、国務院辦公庁「食糧市場管理の強化と市場安定の保持に関する通知」（国務院辦公庁［1994］）によれば、(1) 政府の食糧買付任務を受け持つ機関（国有食糧企業をさす）および政府の許可をえた卸売企業以外は、いかなる機関および個人も、農村に行って直接農家から食糧を買い付けてはならない。(2) 消費地の食糧卸売企業や大口需要者が産地で食糧を買い付ける際には、県レベル以上の食糧卸売市場で買い付けなければならない、という規定も設けられた。この結果、少なくとも制度上では、産地の食糧卸売業務は国有食糧企業

---

66) ただし、4000万トンの協議買付を指令性計画とする措置は翌1995年には廃止された（陳・趙・羅［2008: 86］）。

によってほぼ独占されることになったのである。ただし、自由市場における小規模な食糧売買は、従来通り一年中開放するとしている。

契約買付価格は1994年から再び公定価格（指令性計画）とされたが、その価格水準は前年の契約買付価格（地方政府が独自に定めた価格）と比べて平均で44.2％も引き上げられた（『中国糧食発展報告2004』129頁）。農民の食糧生産意欲を引き出し、食糧需給バランスを改善することを目的とする思い切った買付価格の引き上げであったが、結果としてこの価格引き上げが食糧価格の先高感を生み、再び食糧市場価格の上昇に火をつけた。1994年の契約買付価格の水準は、この価格を公表した当時（1994年5月）の市場価格の水準より高かったが、6月10日に新しい価格での「夏糧」（主に冬小麦）の買付が始まると、市場価格もこれに引きずられる形で再び上昇し始めた。それでも、10月までは契約買付価格と市場価格とは大差なく、「夏糧」の契約買付は比較的順調に行われたが、10月以降市場価格が契約買付価格を上まわることによって、「秋糧」（主に米、トウモロコシ）の契約買付には困難が生じた。

この結果、表6-1に示したように、1994年の食糧契約買付量は4464.1万トン（計画の89.3％）にとどまった。もっとも、協議買付が4495.8万トン（同112.4％）と計画を超過達成したので、国有食糧企業の買付量の合計では8959.9万トン（同99.6％）となり、ほぼ国の計画を達成した（ほかに備蓄用買付が241.9万トン）。

1994年には、買付および卸売段階における食糧流通統制が強化されたが、消費段階における価格統制も強化された。すでに述べたように、1993年末から始まった食糧市場価格高騰に対して、政府は備蓄食糧の放出と国有食糧商店における小売価格の統制を行ったが、備蓄食糧の放出はその後もたびたび行われた模様であり、国有商店における価格統制はむしろ強化されている。さらに、瀋陽市や杭州市などの一部大都市においては、食糧通帳（「糧本」）や食糧配給券（「糧票」）を復活させる動きもみられた。これは、国有食糧商店を通じた低価格での食糧販売を量的に制限することに目的があった。つまり、低価格で食糧を販売する対象を、都市戸籍をもつ市民に限定し、1人当たりの供給量にも制限をもうけることで、低価格食糧の買いだめや買いあさりを防ごうとしたのである。

表6-1　国有食糧企業の食糧買付の内訳（1993～1998年）

（貿易糧万トン、％）

年度	合計	契約買付	備蓄用買付	協議買付
1993	9234.0	5066.1 (54.9)	241.9 (2.6)	3926.0 (42.5)
1994	9226.4	4464.1 (48.4)	266.5 (2.9)	4495.8 (48.7)
1995	9444.0	4617.8 (48.9)	200.0 (2.1)	4626.2 (49.0)
1996	11919.9	5012.5 (42.1)	2168.5 (18.2)	4738.9 (39.8)
1997	11535.4	4549.0 (39.4)	737.4 (6.4)	6249.0 (54.2)
1998	9654.5	4020.2 (41.6)	9.2 (0.1)	5625.1 (58.3)

注1）（　）内は合計に占める割合。
　2）統一販売（配給）制度の廃止により、「議転平」買付は1992年で終了。
　3）1999年以降の内訳別の買付量のデータは不明。
出所：中国糧食経済学会・中国糧食行業協会編著［2009: 455］より筆者作成。

　こうした措置にもかかわらず、自由市場における食糧小売価格は上昇を続けた。北京市など一部の大都市においては、自由市場の食糧小売価格にも上限が設けられたが、全く守られなかったという。国有食糧商店における低価格での食糧の販売が、自由市場の価格に影響を及ぼさなかったのは、以下のような理由による。すなわち、第一に、食糧小売段階における国有商店のシェアが低い。一説によれば、当時、自由市場の食糧小売シェアは約70％に達し、国有食糧商店のシェアは約30％にすぎなかったという。第二に、国有商店において公定価格で販売される食糧（配給食糧）は古米・古々米や低品質の小麦粉が主であり、自由市場で販売される新米や良質の小麦粉とは、必ずしも同じ商品とはいえない。

　いうまでもなく、この二つの理由は相互に関係している。すなわち、1990年代も半ばとなると、市民の多くは価格が高くても良質な食糧を選好するようになっており、価格は安いが低品質な配給食糧の供給ルートである国有商店の小売シェアは低下しつつあった。食糧市場価格の高騰を受けて、1994年に再び一部の都市で実施された低価格での食糧配給についても、配給枠を使い果たす家庭はほとんどなかったという。このような消費行動の変化がみられるなかで、国有商店の低品質な食糧の価格を低く抑えても、自由市場の価格に影響を与えられないことは明らかである[67]。

第2節　保護価格買付の本格化

　中国の食糧生産は、1995年に前年比で約2000万トン、1996年にはさらにこれを4000万トン近く上まわる大増産となった。この結果、1993年秋から約2年間高騰を続けた消費地の食糧市場価格は、1995年秋には落ち着きを取り戻し、1996年に入ると徐々に低下し始めた（図6-1参照）。1996の出来秋以降、生産地の食糧市場価格は契約買付価格より低い水準まで下落し、農家と国有食糧企業の食糧販売難は深刻となった。なお、ここで国有食糧企業の食糧販売難というのは、契約買付価格が市場価格より高くなったために、国有企業の販売価格も市場価格より高くならざるを得ず、売れない在庫が増えていったことを意味している。

　これに対して、中国政府はまず国家特別備蓄食糧（「国家専項糧食儲備」）を大幅に積みますことを決めた。中央政府は1996年から1997年上半期にかけて、3000万トン余りの備蓄食糧買付計画を下達した（葉［1997:6］）。上述したように、食糧の国家特別備蓄制度とは、1990年に保護価格買付した食糧をもとに中央政府が設立した備蓄制度のことである。前掲表6-1によれば、1996年度の国家特別備蓄食糧の買付量は2168.5万トン、翌1997年度も737.4万トンであり、前後の年度の買付量を大幅に上まわっている。謝［1997:50］によれば、食糧特別備蓄制度設立時（1990年）の備蓄量は市場需要量の20％にすぎなかったが、1997年春頃には備蓄量が市場需要量の60％近くまで増えたという。これは、具体的には、備蓄食糧が約3000万トンから約9000万トン近くまで増えたことを意味すると思われる。

　国家特別備蓄食糧の管理に関わる費用（買付資金の銀行利子および保管費用等）はすべて中央政府が負担しなければならないが、当時の中央財政の規模は

67）当時、筆者が吉林省や江西省といった食糧主産地で行ったヒアリングによれば、政府が大量の買い支えを行った1989～1990年当時の過剰米がずっと食糧倉庫に眠っており、1994年に低価格で放出された米はこうした古々米であったという。国有商店の米を買う市民が少ないのも当然かと思われる。

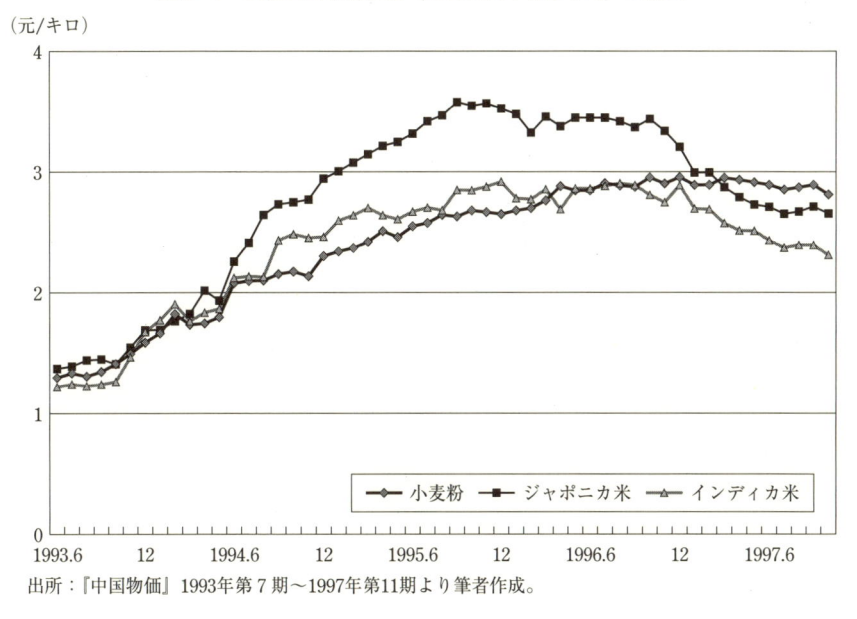

第6章　保護価格買付と1998年「改革」

図6-1　食糧自由市場価格（全国35大中都市平均）の動向

(元/キロ)

凡例：小麦粉／ジャポニカ米／インディカ米

出所：『中国物価』1993年第7期〜1997年第11期より筆者作成。

　非常に限られたものでしかなかった。備蓄食糧管理費用の増大を嫌った中央政府は、食糧価格支持の負担の一部を地方政府に転嫁することにした。国務院は1996年11月に通知を出し、食糧市場価格が契約買付価格より低い場合には、各地方政府は契約買付価格の水準を参考にした保護価格を定め、その価格で食糧を無制限に買い付けるよう指示した。言い換えるならば、協議買付部分の価格を市場価格ではなく、それより高い契約買付価格の水準にしたうえで、無制限に買い付けろということである。

　市場価格が下落する局面で保護価格買付を行えば、当然大きな売買逆ざやが生じることが予想されるが、この赤字は中央財政1、省財政1.5の比率で積み立てた省級食糧リスク基金（「糧食風険基金」）から支出することとした（『人民日報』1996年11月23日）。ところが、葉［1997: 6］によれば、保護価格買付の実施によって地方政府が被るかもしれない損失がきわめて大きいのに対して、省級食糧リスク基金の規模はたいへん小さかったから[68]、実際に保護価格を定

111

めた省は18しかなかった（当時の省級行政区の数は30）。しかも、保護価格買付を行った省の多くも、無制限買付ではなく、あらかじめ買付量の制限を設けていたという。

　1996年度の国有食糧部門の食糧買付量は、前年度より2475.9万トン多い1億1919.9万トンに達したが、増加の内訳は大部分が国家特別備蓄用買付（前年度比1968.5万トン増）であり、国務院の通知で保護価格による無制限買付とされた協議買付部分の買付量は前年度より112.7万トン増えただけであった（前掲表6-1参照）。このように、保護価格買付の規模が不十分であったこともあり、食糧市場価格の下落は食い止められなかった。

　翌1997年7月に開催された全国食糧買付販売工作会議は、前年の保護価格買付の実施が不徹底であったことの反省を踏まえて、保護価格買付の実施に関する全国統一的な規定を設けた。まず、保護価格の水準は全国一律に契約買付基準価格とされた。契約買付価格は、1996年から国が定める基準価格を基に、各省政府が上下10％の範囲内で自由に調整してよいことになったが、この基準となる価格が契約買付基準価格である。1996年の契約買付価格は、多くの地方で国が定めた基準価格より10％高かった模様であり、同年の保護価格はこの契約買付価格と同水準であったから、1997年の保護価格は前年の保護価格より10％低かったとする論者もいる（盧［2004: 115］）。

　次に、地方の国有食糧企業が保護価格買付の実施に要する費用については、正常な回転在庫水準を超える部分を対象に、(1) 買付資金の利子補填、および(2) 原糧1キロにつき年0.06元の保管費用の補填を行うこととされ、これらの補填に必要な資金は食糧リスク基金から支出することが正式に定められた（葉［1997: 7］、国務院［1997］）。すなわち、国有食糧部門が保護価格で買い付けた食糧を販売する際に逆ざやが発生する可能性を無視すれば、保護価格買付制度の運用に必要な費用は基本的に国（中央政府および地方政府）によって負担されるということである。しかしながら、保護価格買付を実施後1年たっても市

68）朱鎔基副総理（当時）によれば、1997年6月頃の「食糧リスク基金」の規模は約150億元であった（『人民日報』1997年7月3日）。

況が回復しない場合には、国有食糧企業は赤字覚悟で在庫食糧を販売しない限り、(倉庫の容量に限度がある以上) 新しい食糧を買い付けられないのであるから、本来この逆ざやから生じる損失についても何らかの財政的な措置がなければおかしい。

このように、逆ざやによる損失が生じた場合の十分な保証がなかったこと、またそもそも1997年春の時点ですでに倉庫のキャパシティに余裕がなかったこと (『中国商報』1997年4月28日の記事によれば、同年4月現在で国有食糧企業の倉庫に入りきらず屋外に積まれた食糧は5500万トンに達した) などから、この年の保護価格買付には大きな困難がともなった。それでも、この年の協議買付量 (その大部分が保護価格による買付と考えられる) は、前年を1510.1万トン上まわる6249万トンに達した。この年の特別備蓄食糧の買付量は前年より1431.1万トン減少したから、ちょうどその分を地方国有食糧企業の保護価格買付の増大によりカバーしたことになる。

1994年以降の食糧流通政策には、統制と価格支持の強化のほかに、地方政府への権限および責任の委譲という大きな方向性も存在する。地方政府への食糧管理の権限と責任の委譲という考え方は、国務院［1993a］などにすでにみられるが、1995年に「米袋」省長責任制 (「"米袋子"省長負責制」) (のちの食糧省長責任制) として体系化された。1995年4月の国務院「食糧化学肥料買付販売体制改革の深化に関する通知」(「関於深化糧食化肥購銷体制改革的通知」) によれば、食糧に関して省長が負うべき責任は、(1) 食糧生産の安定ないし増産。(2) 中央政府が下達する買付および在庫任務の達成。(3) 地方食糧備蓄制度および食糧リスク基金の設立など、省内の食糧市場を有効にコントロールできるシステムの形成。(4) 省間における食糧移出入任務の完成。とくに食糧不足省の場合、輸入や他省からの移入に加えて、省内自給率を高めることで、食糧の供給を確保し価格の安定に努める、と整理できる (『中国農業発展報告1996』65-69頁)。

各地域の比較優位を無視した食糧の省内自給を推進するものとして評判の悪い食糧省長責任制であるが、本来的な政策目標は、省長が食糧の省内需給バランスの確保と価格の安定に責任を持つということであり、供給の増大は必ずし

表6-2　国有食糧企業の損益（1986〜2001年）

(単位：億元)

年	合計	協議価格経営損益	食糧・油脂加工業	飼料企業	運輸企業	その他企業
1986	39.81	17.67	18.12	2.88	1.14	
1987	45.18	18.45	21.30	4.26	1.17	
1988	58.27	25.58	25.50	6.25	0.91	0.03
1989	65.27	31.22	27.27	5.46	1.13	0.19
1990	5.41	−19.91	21.48	2.81	0.79	0.24
1991	7.49	−20.31	22.77	3.78	0.86	0.39
1992	19.23	−5.09	21.37	2.64	0.32	−0.01
1993	3.60	−4.00	8.19	−0.59	n.a.	n.a.
1994	−19.13	−24.44	5.31			
1995	−44.19	−44.79	2.32	−1.00	−0.44	−0.28
1996	−197.06	−176.99	−12.82	−5.78	−1.02	−0.45
1997	−488.40	−452.80	−35.60			
1998	−356.00	n.a.	n.a.	n.a.	n.a.	n.a.
1999	−100.32	n.a.	n.a.	n.a.	n.a.	n.a.
2000	−81.39	n.a.	n.a.	n.a.	n.a.	n.a.
2001	−89.56	n.a.	n.a.	n.a.	n.a.	n.a.

注1）1993年の合計は運輸企業およびその他企業の損益を含まない。
　2）1998〜2001年の損益の内訳は不明。
出所：『中国商業年鑑1988〜1993』、『中国国内貿易年鑑1994〜1999』、陳・趙・羅［2008：96］より筆者作成。

も省内生産の増大によらなくてもよかった。ただし、広域的な食糧市場が未成熟ななかで、各省が省内への食糧供給を優先させた結果、「地域封鎖」を誘発し、沿海省がやむを得ず食糧増産に努めたのは事実である。いずれにしろ、この時期、食糧管理の財政的な負担に耐えかねた中央政府は、国家特別備蓄食糧の買入を制限し、省政府に保護価格買付の実施を求めた。その結果が、1997年における史上最大の協議買付量である。なお、1996年の食糧増産の要因を省長責任制に帰する見方は中国の国内外に広く存在するが、廬［2004：110］も指摘するように、省長責任制の増産効果はゼロではないにしても、主要な増産要因は価格の上昇にあると考えるべきである。

　表6-2は、国有食糧企業の損益を全国の総計としてみたものである。それによれば、国有食糧企業は1993年まで全体として黒字であったが、1994年に赤

字に転落し、1996〜1998年の赤字額は毎年200億元ないし500億元という巨額にのぼった。1998年の損失の内訳は不明であるが、1996年と1997年の損失の大部分は協議価格経営の損失である。1996〜1998年は、国有食糧企業が中央政府の指示により保護価格による無制限買付を行った時期であり、協議価格経営の損失が保護価格買付食糧の売買にともなう損失であることは明らかである。

第5章において詳しく分析したように、1990年の保護価格買付の実施に際して、逆ざやによって生じた赤字の負担に関する明確な規定がなく、結果的に国有食糧部門の損失（銀行債務）として処理された経緯があるが、1996年以降の大々的な保護価格買付の実施においても、同様な事態の発生が繰り返されたのである。

第3節　1998年の「食糧流通体制改革」の失敗

1. 概況

1998年の「食糧流通体制改革」は、同年の全国人民代表大会で総理に就任した朱鎔基が着手した五つの重要な改革の一つである。1998年には、食糧流通制度とその運用をめぐって、多くの全国規模の会議が開かれ、国務院の決定・通知が出された。また、食糧流通制度に関する初めての専門的な法令が定められたのも、この年の食糧改革をめぐる大きなトピックである。

結論を先に述べると、1998年の「改革」は完全な失敗に終わったのであるが、この失敗からは、1990年代後半の食糧流通制度改革の限界と、その後の改革が解決すべき課題が鮮明に浮かび上がってくる。そこで、本節では、この「改革」の動向と、それが失敗に終わった原因について、詳しく検討したい。

まず、1998年の食糧流通関係の会議等を時系列的な流れを追って整理すると次のようになる。

　　4月27日〜29日：国務院「全国食糧流通体制改革工作会議」（「全国糧食流通体制改革工作会議」）（『人民日報』1998年5月6日）。

5月10日：国務院「食糧流通体制改革の一層の深化に関する決定」(「関於進一歩深化糧食流通体制改革的通知」)(黎編［1998：3-8］)。

5月21日～25日：朱鎔基総理安徽省食糧工作視察(『人民日報』1998年5月26日)。

5月21日～24日：温家宝副総理吉林省食糧工作視察(『人民日報』1998年5月26日)。

6月：国家工商行政管理局が、違法な食糧買付経営活動の取り締まり強化に関する通知を出す(『人民日報』1998年6月5日)。

6月3日：国務院「全国食糧買付販売工作テレビ電話会議」(「全国糧食購銷工作電視電話会議」)(『人民日報』1998年6月4日)。

6月6日：「食糧買付条例」(「糧食収購条例」)(国務院令)公布・施行(『人民日報』1998年6月12日)。

7月：国務院弁公庁が食糧政策に対する重大な違反事例に関する通達を行う(『人民日報』1998年7月19日)。

7月23日～25日：国家発展計画委員会等「全国食糧流通体制改革学習班」(「全国糧食流通体制改革学習班」)(『人民日報』1998年7月28日)。

8月5日：「食糧買付販売違法行為処罰方法」(「糧食購銷違法行為処罰辦方」)(国務院令)公布・施行(『人民日報』1998年8月10日)。

10月23日：国家工商行政管理局「食糧市場管理工作会議」(「糧食市場管理工作会議」)(『人民日報』1998年10月24日)。

11月7日：国務院「当面の食糧流通体制改革の推進に関する意見」(「当前推進糧食流通体制改革的意見」)(『中華人民共和国国務院公報』1998年第28号)。

11月13日～15日：国家発展計画委員会等「全国食糧流通体制改革工作座談会」(「全国糧食流通体制改革工作座談会」)(『人民日報』1998年11月17日)。

11月：国家工商行政管理局が食糧経営活動に従事する企業・個人に対する一斉取締を行うよう通知を出す(『人民日報』1998年11月20日)。

12月：国家発展計画委員会・国家食糧備蓄局が農民の余剰食糧を保護価

第6章　保護価格買付と1998年「改革」

格で無制限買付するよう緊急通知を出す（『人民日報』1998年12月15日）。

　このうち、4月の全国食糧流通体制改革工作会議は、直後の5月に公布される「食糧流通体制改革の一層の深化に関する決定」の学習を主要な目的として開催された。この「決定」は、その後の中期的な食糧流通体制改革全般の方針を示すものとして、きわめて重要な意義を持つ。「決定」が提示した改革の原則は、「四つの分離と一つの完全化」（「四分開一完善」）、すなわち（1）政府と企業の分離、（2）中央政府と地方政府の責任の分離、（3）備蓄と経営の分離、（4）新旧の債務勘定の分離、および食糧価格メカニズムの完全化である[69]。

　6月に公布・施行された「食糧買付条例」は、主として県以下の国有食糧買付保管企業（「国有糧食収儲企業」；郷鎮レベルにある元の食糧管理ステーションあるいは食糧倉庫がこれに当たり、国有食糧企業のなかで唯一農民から直接食糧を買い付けることを許される）の食糧買付および販売に関する法規である。その内容は大筋で「決定」と重なるが、より直接統制的な色合いが強い点が特徴である。なお、中国では1993年に公布・施行された農業法のなかに、食糧等の重要農産物について保護価格買付制度や備蓄制度を実施し、（その運営のための一種の特別会計として）リスク基金（「風険基金」）および備蓄基金（「儲備基金」）[70]を設けるという規定があるものの、食糧流通制度に関する直接的な法令が定められたのは、この「条例」が初めてである。

　他方、全国食糧買付販売工作テレビ電話会議、全国食糧流通体制改革学習班、全国食糧流通体制改革工作座談会などの会議は、すべて短期的な（さしあたり1998年の）食糧流通政策の実施に関するものである。これらの会議のすべてにおいて、朱鎔基総理自らが演説を行っているが、その内容は当面の食糧流通政策の重点を「三つの政策と一つの改革」に置くという点で共通している。ここで、三つの政策とは、（1）農民の余剰食糧の保護価格による無制限買付、（2）

69）なお、呉［2003: 194］によれば、「四つの分離と一つの完全化」という考え方は、すでに1996年の冬には提起されていた。

70）その後、実際に食糧リスク基金は設立されたが、食糧備蓄基金は設立されていない。リスク基金が備蓄基金としての役割も果たしている。

国有食糧企業の「順ざや」での食糧販売、(3) 食糧買付資金の封鎖的利用（流用禁止）を指し、一つの改革は国有食糧企業自身の改革（自主経営・独立採算の確立）を意味する。

　当面の食糧流通政策の重点を「三つの政策と一つの改革」に置く見方は、5月下旬の朱鎔基、温家宝の地方視察の際に早くも現れているが、実際の政策の実施状況が彼らにとって満足の行くものではなかったことは、その後同一趣旨の全国会議が再三再四開かれたことからも分かる。「三つの政策と一つの改革」を中心に、当面の食糧政策の推進に対する国務院の見方を全面的に示したのが、11月の「当面の食糧流通体制改革の推進に関する意見」である。

　以下、まず2.において、「食糧流通体制改革の一層の深化に関する決定」と「食糧買付条例」を素材として、1998年当時考えられた中期的な食糧流通体制改革の内容を検討する。次いで、3.において、とくに食糧流通システムとしてみた場合の、この改革構想の理論的な問題点を明らかにする。最後に、4.において、実際に1998年の食糧流通政策の実施過程で生じた問題点について整理する。

2. 1998年の「食糧流通体制改革」の内容

　「食糧流通体制改革の一層の深化に関する決定」は、全7章36条から構成される。各章のタイトルを順に記すと次のとおりである。

　1. 食糧企業の経営メカニズムを転換し、行政と企業の分離を実施する
　2. 中央と地方の食糧に対する責任と権利を合理的に区分し、食糧省長責任制を全面的に実施する
　3. 食糧の備蓄システムを整備し、備蓄と経営の分離を実施する
　4. 政府のコントロールの下で市場が食糧価格を形成するメカニズムを確立、整備する
　5. 積極的に食糧市場を育成し、食糧の秩序ある流通を促進する
　6. 食糧企業の累積債務を適切に解決し、資金の管理方法を改善する
　7. 認識を一致させ、指導を強化し、食糧流通体制改革の順調な進行を保証する

第6章　保護価格買付と1998年「改革」

「決定」は、冒頭で改革の原則が「四つの分離と一つの完全化」にあることを指摘している。全7章のうち、「四つの分離」について述べている部分は1～3章および6章であり、4章が「一つの完全化」について述べている。残りの二つの章のうち、5章は産地から消費地までの食糧の流れについて、7章は食糧流通政策に関する国家発展計画委員会、財政部、国家食糧備蓄局の役割分担について、それぞれ述べている。

各章の内容を順次みていこう。1章ではまず、政府の食糧行政管理機能と国有食糧企業の経営とを分離するとしている。これは、従来から繰り返しいわれてきたことであるが、1998年当時、県以下で実際に食糧行政機構と国有食糧企業が分離しているケースはまれであった。次に、郷鎮レベルの食糧倉庫を含めて、あらゆる国有食糧企業を独立採算制にするとしている。また、食糧の買付保管企業の食糧買付・保管以外の業務、すなわち精米・製粉や食糧の運搬などの業務は、分離して別企業を作るとしている。

2章の規定によれば、中央政府が責任を負うのは、中長期的な食糧発展計画の作成、全国的な食糧需給均衡と輸出入管理、全国的な食糧買付販売および価格政策の確定、中央備蓄食糧の管理と利子・費用補填、中央直属食糧備蓄倉庫の建設、全国的な食糧価格変動に対する中央備蓄食糧の買付・放出等を通じた価格安定措置のみであって、実際の食糧の生産・流通については省級地方政府が全面的な責任を負うとされる。いうまでもなく、これが食糧省長責任制である。具体的に地方政府が実施する食糧流通関連の政策は、契約買付、保護価格による農民の余剰食糧の無制限買付、都市住民の主食用や軍隊用の食糧供給の保証、国有食糧企業の債務の解決、省レベルの食糧備蓄制度の確立、食糧倉庫等の流通施設の建設、省間の長期安定的な食糧売買関係の確立などである。

中国で、ある政策に地方政府が責任を持つということは、一般にその政策の実施に必要な資金を地方政府が自分で手当てするということを含意する。2章には、省政府の支出と中央政府の補助金によって食糧リスク基金を作り、省の食糧備蓄に対する利子・費用補填と、国有食糧企業の保護価格買付の実施にともなう費用（逆ざやや補填を含む）に当てるという規定があるが、それでも足りない分はすべて省政府の負担になることが予想される。

なお、食糧リスク基金は、少なくとも1993年の構想時には、中央食糧リスク基金と地方（省級）食糧リスク基金の二段階があったはずであるが、その後の政府文書から中央食糧リスク基金に対する言及はなくなる。おそらく、実際には中央食糧リスク基金は設立されなかったのではないかと思われるが、もし設立されていたとしても中央食糧リスク基金は100％中央財政からの拠出であり、かつ専ら中央備蓄食糧の管理費用に支出されるものである。要するに、中央財政のなかの特別会計のようなものであるから、実際にそれが存在しようがしまいが、中央政府と地方政府との食糧管理費用の分担関係には何ら影響しない。

　3章では、中央と地方（省級）の二重の食糧備蓄システムを整備し、これらの備蓄食糧を国有食糧企業の流通在庫と分けて管理するとしている。ただし、「決定」は省レベルの食糧備蓄に関しては具体的に規定しておらず、以下の内容はすべて中央備蓄食糧の管理運営に関するものである。

　まず、中央備蓄食糧の管理は、国家食糧備蓄局（1998年の行政改革によって国家発展計画委員会の外局に位置づけられた）が行う。国家食糧備蓄局は、全国の経済地区ごとに中央備蓄食糧管理公司を設立し、備蓄食糧の垂直的な管理を行う。国家食糧備蓄局は、新設あるいは地方倉庫の移管などにより、徐々に中央直属食糧備蓄倉庫を整備し、これを各地区の中央備蓄食糧管理公司に管理させる。中央備蓄食糧の買い入れは、地方国有食糧企業に委託して直接農民から買い付けてもよいし、県以上の食糧卸売市場で購入してもよい。それまで、備蓄食糧と国有食糧企業の流通在庫の未分離が大きな問題となっていたが、中央直属食糧備蓄倉庫網の整備が進めば、少なくとも中央備蓄食糧については、この問題が解決されるはずである。

　4章の食糧価格システムに対する考え方は、市場における価格決定を前提にしつつ、政府が設定した価格安定帯の範囲に価格変動を抑える、一種の間接コントロールである。すなわち、生産者保護のために最低買付価格を設定する一方、消費者保護の見地からは上限販売価格を設け、市場価格の変動がこの範囲を超えるときには、備蓄食糧の買い入れ、放出によって、これをコントロールする。保護価格および上限販売価格の水準については、国務院は原則のみ確定し、具体的な価格については省政府がこれを決定する。なお、保護価格は、農

第6章　保護価格買付と1998年「改革」

家の生産コストおよび適正な収益を保証する価格として定義されている。

契約買付価格は、市場価格が保護価格より高いときには市場価格を参考に、市場価格が保護価格より低いときには保護価格より低くならないように、省政府が決定する（この方針は挫折した1992〜1993年改革における契約買付価格決定方針と全く同じである）。それまで、契約買付価格は市場価格とは独立に決定され、市場価格を大幅に下まわるケースも少なくなかった。また、契約買付価格が市場価格を上まわる場合には、農家の余剰食糧について、契約買付価格を参考に決定された保護価格による買付を行うことになっていた。ところが、「決定」の規定によれば、契約買付価格は市場価格にスライドして決定されるとともに、市場価格が保護価格より下落した場合には、あらかじめ定められた保護価格を基準に決定されることになる。すなわち、従来は契約買付価格が先に決められ、これを参考に保護価格が決められていたが、1998年以降は保護価格が先に決められ、契約買付価格はそれを参考に後から決められることになる。この意味からすれば、契約買付価格の政策価格としての重要性は低下し、保護価格のそれが増すことになる[71]。なお、1998年の契約買付価格については、1997年の水準を参考に省政府が決定するとされ、その際に隣接地区との価格の調整を行う（価格差が大きくならないようにする）よう指示されている。

5章は冒頭で、食糧流通システムの建設強化、県以上の食糧取引市場の育成、食糧市場情報ネットワークの完備、食糧市場取引規則の整備により、食糧流通を活性化すると述べている。具体的には、地域または全国の中心となる食糧取引市場（卸売市場・先物市場）の設立と整備、大中都市のスーパー・マーケットやコンビニエンス・ストアにおける食糧小売の奨励、自由市場における食糧売買の年間を通じた許可など、卸売・小売段階における食糧流通の市場化を一

---

71) 地域差や食糧品目による違いはあるものの、1997年以降は概ね保護価格（契約買付基準価格）の方が市場価格より高かった。この場合、理論的には必ず契約買付価格≧保護価格となるが、市場価格が継続的に下落する局面において、契約買付価格を保護価格水準まで引き下げる（契約買付価格＝保護価格とする）省が多く、安徽省では1997年に、また江蘇省では1999年に、契約買付価格と保護価格の一本化が行われた（聶主編［2009: 234］、中国糧食経済学会・中国糧食行業協会編著［2009: 365］）。

層押し進める内容で、それまでの食糧流通改革の考え方の延長上にあるといえる。

ところが、5章には以上と全く異質な内容を持つ条項（第24条）が挿入されている。この条項は、農家からの食糧買付に関して、これを国有食糧企業が担当するとして、個人商人やその他企業の直接買付を厳禁している（農家が自分で生産した食糧を自由市場等で消費者やほかの農家等に販売することは許されている）。国有食糧企業以外で例外的に農家からの食糧買付を認められるのは、国有農場等の農業企業だけであり、それも自らの農場等の範囲内に限られる。精米所・製粉所や飼料工場、養豚場・養鶏場等も直接農家から食糧を買い付けてはならず、国有食糧企業に委託して必要量を買い付けてもらうしかない。国有食糧企業以外の食糧流通企業は、県レベル以上の食糧取引市場で買い入れなければならないとされる。じつは、国有食糧企業以外の機関による農家からの食糧買付を禁止する通知は1997年秋にも出されていたが（『人民日報』1997年10月11日）、実際に農村において実施された形跡はない。もし、第24条の規定が農村で完全に実施されれば、20年前の改革初期の状況に逆戻りすることになる。

6章は、国有食糧企業の累積債務処理と、中国農業発展銀行[72]から国有食糧企業に貸し出される買付資金の管理方法に関する規定である。まず、累積債務処理については、1992年3月以前の債務と1992年4月から1998年5月までの債務を分離し、1992年3月以前の債務について従来の規定どおりに処理を進めるとともに、1992年4月〜1998年5月の債務については新たに、財力の豊かな省は3年、その他の省は5〜10年かけて解消するとしている。なお、この負債整理のために必要な資金は、財力が豊かでない省の利子部分を中央政府が負担する以外は、すべて地方政府の責任で解決しなければならないとされる。また、1998年6月以降は、国有食糧買付保管企業に対して、新しい損失の発生を一切認めないとしているが、これは「食糧買付条例」のなかに明文化される食糧の

---

[72] 中国農業発展銀行は、1994年に中国農業銀行から分離設立された農業政策銀行であり、当初は様々な政策融資を担当したが、この時期の業務は主に国有食糧企業に対する食糧・油糧種子の買付資金の貸付に限定された。

第6章　保護価格買付と1998年「改革」

「順ざや」販売の義務づけと関係している。すなわち、「食糧買付条例」は、国有食糧買付保管企業は「順ざや」すなわち「買付価格＋費用＋利潤」で食糧を販売しなければならないとしており、理論的には損失は発生し得なくなったのである。

　国有食糧買付保管企業に対する食糧買付資金の貸付は、中国農業発展銀行が一手に行うが、従来からこの貸付金の流用や返済遅滞が少なからず存在した。これに対して、「決定」は、中国農業発展銀行が「在庫量と貸付額を連動させる」原則により、厳しく資金管理を行うべきことを規定している。また、各レベルの政府および食糧企業に対して、食糧買付資金の流用を厳しく禁止している。

　7章は、食糧政策について、中央政府関係部門の役割分担を以下のように定めている。まず、全国的な食糧需給均衡および輸出入計画の作成、食糧価格政策の制定などのマクロ的コントロールに関しては国家発展計画委員会が行う。中央備蓄食糧の買付、保管、放出などの計画は、国家発展計画委員会が財政部、国家食糧備蓄局と共同で立案し、国務院の批准後実施する。食糧リスク基金および食糧・食用植物油に対する価格補填資金の管理・監督は財政部が行う。中央備蓄食糧の管理は国家食糧備蓄局が行う。

　なお、「決定」は以上の政策の対象となる食糧品目を特定していないが、「食糧買付条例」が対象を（1）小麦、（2）トウモロコシ、（3）米、（4）国務院または省政府の定めるその他食糧品目、に限定していることからすれば、「決定」の対象もこれら主要食糧に限られるとみるべきであろう。「条例」における「その他食糧品目」の具体的な中味は不明であるが、主産地の大豆等がこれに含まれると考えられる。

　「食糧買付条例」には、「決定」と重複する規定のほかに、二つのきわめて重要な規定がみられる。一つは、国有食糧買付保管企業が農民の余剰食糧を（市場価格の下落時には保護価格で）無制限に買い付けるという規定であり、もう一つは、国有食糧買付保管企業は「順ざや」で食糧を販売しなければならないという規定である。これら二つの規定は、「決定」には明文化されていない（断片的には触れられている）が、「決定」に関する学習の場であった「全国食

123

糧流通体制改革工作会議」における朱鎔基の演説では言及されていた。「条例」はこのほかにも、国有食糧買付保管企業が農民から食糧を買い付けてよい範囲が、企業が所在する県内に限られること、また同企業が品目・等級ごとの買付価格および品質基準を掲示公表すべきこと、農家の食糧販売代金をただちに本人に支払うべきこと、販売代金からは農業税以外の税金・賦課金等を差し引いてはいけないこと、などをこと細かに規定している。また、「条例」は全22条のうち10条が罰則規定に関するものであり、その後8月には「食糧買付販売違法行為処罰方法」も公布・施行されるなど、とくに県以下の食糧流通について、がんじがらめに統制を強めようとする姿勢がうかがえる。

3. 改革構想の理論的な問題点

「食糧流通体制改革の一層の深化に関する決定」が改革の原則として提示した（1）政府と企業の分離、（2）中央政府と地方政府の責任の分離、（3）備蓄と経営の分離は、1990年代初頭以来繰り返し提起されてきた点であり、従来の政策の延長上にあるといってよい。また、新旧の債務勘定の分離というのは、1994年に一度1992年3月までの国有食糧企業の負債の整理計画を立てたが、その後とくに1996年以降の保護価格買付の実施によって再び累積債務が膨れ上がったので、その整理に着手するものである。これは、たしかに急を要する大事ではあるが、1998年の改革を性格づけるものではない。

1998年の「食糧流通体制改革」において、それまでの改革の方向性からみて最も特異であり、政策の流れに逆行するのは、国有食糧買付保管企業以外の食糧流通業者等が農家から食糧を買い付けることを禁じた点である。農家からの買付に占める国有食糧企業のシェアは、年度によっても地域によっても大きく異なるが、この頃一般に3分の2程度でしかなかった。残りの3分の1は、供銷合作社等の流通企業、精米所・製粉所・飼料工場、中小の産地仲買人などによって買い付けられていた。これらの流通業者等は、工商行政管理局の正式な免許を持って経営しているものが大部分であるが、「決定」の施行後は免許を持っていても一切農家からの買付を認められなくなる。他方、国有食糧買付保管企業は、一般に各郷鎮もしくは数郷鎮に1社（例外的には全県に1社）存在

するが、各々の経営範囲は行政区域によって規定されており、相互の間での競争はほとんど存在しない。国務院の「当面の食糧流通体制改革の推進に関する意見」は、県内での国有食糧買付保管企業同士の競争を認めてはいるが、各企業の買付価格が同じなのであるから、競争の余地はあまりない。

　こうして、政府は国有食糧買付保管企業に対して、人為的に買い手独占の地位を与える。一般に買い手独占の場合、価格が引き下げられる可能性が強いが、政府は保護価格を定めることによって、価格を下支えする。したがって、1998年の「改革」を価格システムの側面からみると、保護価格の設定が最も重要だということになる。毎年の保護価格の水準は政府がいかようにも決められるのであり、食糧増産も農家の食糧所得の上昇も思いのままである。国有食糧企業がいくら高く農家から買ったところで、ほかの食糧流通業者は国有食糧企業から食糧を購入するしかないのであるから、確実に「順ざや」で売れる（はずである）。もはや、国有食糧企業の赤字について心配する必要もない（はずである）。1998年の食糧流通体制改革が、県以下の食糧流通・価格システムとして想定するのは、直接統制システムにほかならない。

　しかし、県[73]から一歩外に出ると、そこに存在する食糧流通・価格システムは、市場システム（厳密には市場システムを前提にした間接統制システム）である。国有食糧買付保管企業以外の食糧流通業者に参入が許されないのは農家からの直接買付だけであって、それさえ行わなければ卸売も小売も全く規制はない。ただ、小売価格に上限価格の規定があり、それを超えると備蓄食糧の放出という政府の市場介入が行われる可能性があるだけである。県以上の食糧流通が自由であるということは、県内食糧流通業者が国有食糧買付保管企業より安く食糧を手に入れられれば、県外にその買い手はいくらでも存在することを意味する。このことは、県内食糧流通業者に闇行為に対する誘因を与え、県

---

73) 現在の中国の地方行政区分は、一般に省・自治区―市―県・区―郷・鎮の四級であり、市に属する地域のうち農村部が県、都市部が区となる。県・区と同格の市（「県級市」）もあるが、この場合の市も農村部に近い。なお、省・自治区に直属する市は元の地区であり、格付け上は「地区級市」となる。地区級の市の下に、県級の市が置かれているケースもある。

内の直接統制的な食糧流通システムを常に脅かすことになる。県以下における直接統制システムと県以上における市場システムという、水と油の流通システムを接ぎ木したところに、1998年の食糧流通体制改革の最大のユニークさがあり、かつ最大の難点もそこにある。

　理論的に考えた場合に、もう一つ不思議なのは、食糧価格を安定させるためにせっかく中央政府の食糧特別備蓄制度を作ったのに、その制度を活用せず、地方の国有食糧買付保管企業に保護価格での食糧の無制限買付を義務づけている点である。そのことによって、中央政府の備蓄制度と地方政府の責任で行う保護価格買付という二重の市場介入手段が存在することになり、流通システムとしては明らかに不合理である。1990年代以降の食糧流通体制改革は、（市場システムを前提にした）間接統制を目標として進んでいたが、そのための政府の介入手段は、本来、食糧特別備蓄制度であったと考えられる。しかしながら、1996～1997年に大量の特別備蓄用買付を行ったことで、備蓄規模が推定で約9000万トンとなり、早々に適正備蓄規模を超過してしまった。当時の中央政府の財政負担力や備蓄用倉庫のキャパシティから考えて、それ以上の備蓄用買付を行うことは事実上困難であった。そこで、緊急避難的に、あるいは次善の策として実施されたのが、保護価格での無制限買付だったのではないだろうか。

　保護価格による無制限買付という政策の出現は、（深刻な食糧過剰に対して緊急避難的に実施され、その後全量が国家備蓄にまわされた1990年を除けば）1996年秋が初めてのことであったが、1997年以降の市場介入的食糧買付の大半は、すでに特別備蓄用買付ではなく保護価格買付になっていた。しかしながら、1997年には保護価格買付の実施によっても、市場価格の下落は収まらず、したがって売買逆ざやによる国有食糧企業の赤字の発生も防げなかった。そこで、1998年には国有食糧企業以外の食糧流通業者等が農家から食糧を買い付けることを禁じ、人為的に買い手独占の状況を作り出すことで、生産者価格を保護価格まで引き上げるとともに、「順ざや」販売を可能にし、国有食糧企業の赤字の発生を防ごうとしたのではないか。陳・趙・陳・羅［2009: 160］も、1998年の「改革の基本的な考え方は、保護価格による食糧買付により産地の食糧供給源（「糧源」）を国家の手中におさめ、しかるのち独占的地位を形成して、食糧

第6章 保護価格買付と1998年「改革」

を比較的高い価格で販売することにある」という、筆者と同様な視点を提示している。

想像をたくましくするならば、国有食糧買付保管企業以外の流通主体による農家からの食糧買付を禁じた「決定」5章第24条は、あとから「決定」に挿入されたものであろう。「決定」全体の一貫性を崩してまで24条を付け加えた理由は、県以下の食糧流通過程から民間流通業者等を排除することによって、初めて国有食糧買付保管企業が損失を出さずに保護価格での買付を行える（はずである）と考えたからであろう。1998年の「食糧流通体制改革」は、食糧の増産を確かなものにするためにも、農家の所得を増やすためにも、食糧は高く買いたい。しかし、逆ざやにともなう政府の財政支出の増大は避けたいという、何とも欲張った政策なのである。

4. 政策実施上の問題点

中国の政策にスローガンはつきものであるが、1998年の「食糧流通体制改革」のスローガンは、「食糧流通体制改革の一層の深化に関する決定」の公布後まもなく、「四つの分離と一つの完全化」から「三つの政策と一つの改革」に変わった。前述したように三つの政策は、(1) 農民の余剰食糧の保護価格による無制限買付、(2) 国有食糧企業の「順ざや」での食糧販売、(3) 食糧買付資金の封鎖的利用（流用禁止）を指し、一つの改革は、国有食糧企業自身の改革（自主経営・独立採算の確立）を意味する。朱鎔基は、1998年11月に開かれた「全国食糧流通体制改革工作座談会」において、「三つの政策と一つの改革」を「四つの分離と一つの完全化」という改革の原則の発展と深化と位置づけており、なかでも農民の余剰食糧の保護価格による無制限買付の実施が、最も重要な鍵であると強調している。

ところが、朱鎔基が鍵とする保護価格による無制限買付の実施状況には、大きな問題があった。前掲表2-1によれば、1998年の食糧生産量は前年より1813万トン多い5億1230万トンとなり、史上最高を更新した（ちなみにこの記録は2008年まで破られなかった）。しかしながら、前掲表6-1によれば、この年の国有食糧企業の食糧買付量は、逆に前年より1880.9万トンも減って9654.5万ト

ンとなっている。この年の協議買付量は、中央政府の政策が末端で守られていたとすれば、保護価格による無制限買付の量を反映しているはずであるが、その量が1997年の備蓄用買付と協議買付を合わせた量より1300万トン以上少なかったのであるから、国有食糧企業が保護価格買付をサボタージュしたことは明らかである。なお、1998年には契約買付量も4020.2万トン（計画達成率80.4％）にとどまったが、この時期にはすでに契約買付価格と保護価格の価格差はほとんどなくなっているから、契約買付の達成率の数字自体には大きな意味がなく、契約買付と保護価格買付を合わせた買付量が、前年より大幅に減ったことが問題だと考えられる。

　それでは、なぜ繰り返し会議を開き、多くの通達を出したにもかかわらず、保護価格による無制限買付の実施状況がよくなかったのか。この政策は1996年から開始されており、すでに3年目に入る。とくに1997年の保護価格による買付量（表6-1の協議買付量の大半がこれに当たると考えられる）は著しく多かった。国有食糧企業の倉庫は、それまでに買い付けた在庫で一杯なので、物理的にそれ以上買い付けるスペースも資金もないというのが、最も直接的な理由であろう。

　表6-3の食糧収支には国家特別備蓄食糧も含むが、市場価格と契約買付価格や保護価格の水準が接近し、逆転する1996年以降、国有食糧企業の食糧販売量が激減していることがよく分かる。市場価格より高い食糧を購入することで、販売価格も市場価格より高くならざるを得ず、なかなか売れないまま在庫が膨れあがるという、悪循環に陥っている。とくに1998年には、現実的に実行困難な「順ざや」販売を義務づけられたために、販売量が減少するのみならず、買い付けた食糧が将来販売できなくなることを恐れて買付量まで減ってしまった。

　もちろん、農村の食糧買付の場から国有食糧買付保管企業以外の流通業者が完全に排除されれば、卸売市場・小売市場に出まわるのは高い食糧だけということになり、保護価格で買い付けた食糧も高値で売れるようになるはずである。朱鎔基は短期間のうちに民間の食糧流通業者が駆逐され、国有食糧企業の高値での食糧買付・販売が軌道に乗ると考えていた節がうかがえるが、広大な中国農村を臨機応変に走りまわる膨大な商人や、村々に存在する小規模な精米所・

第6章　保護価格買付と1998年「改革」

表6-3　国有食糧企業の食糧（三大穀物）収支（1994～2002年）

(単位：貿易糧万トン)

年度	買付	輸入	輸出	販売	収支
1994	8113	769	1037	7059	786
1995	8622	1841	18	8174	2271
1996	11222	945	42	6696	5428
1997	10803	219	755	6115	4152
1998	9225	199	845	5581	2998
1999	12475	69	701	8756	3087
2000	11365	112	1342	11710	-1575
2001	11365	96	831	7956	2674
2002	10573	85	1435	11440	-2217

注1）年度は食糧年度（当年4月～翌年3月）。
　2）2001年までの三大穀物の貿易は国家貿易のみ。WTO加盟後の2002年の輸入は一部民間貿易を含む可能性があるが、輸出は引き続き全量が国家貿易。
出所：『中国糧食発展報告2011』172～175頁より筆者作成。

製粉所・飼料工場などの活動を完全に規制することなど、どだい無理な話である。

　朱鎔基は当初、問題は積極的に保護買付を行わなかったり、高い価格で買い入れた食糧を安く転売したりする国有食糧企業の側にあると考え、国有食糧企業の違法行為に対する摘発を次々に行った。しかし、その後より根本的な問題が、農村の民間流通業者の並行的な買付にあると考えを改め、秋以降は民間業者に対する取り締まりに重点を置く方針に切り替えたようである。工商行政管理部門が取り締まった食糧の不法買付案件は、1998年12月末現在でチベットを除く全国各省で2万8000件、没収した食糧は2万7800トン、罰金・没収金は5000余万元に達したとされる（『中国商報（糧油専刊）』1999年1月21日）。しかしながら、実際の不法買付行為のうち、こうして摘発されたのは氷山の一角にすぎない。県以上における市場システムと県以下における直接統制システムという異なった流通システムを結合しようとした無理が、政策実施に困難を与えたのである。

　1998年の「改革」の失敗により浮かび上がった問題は、大きく三つある。第

一に、国有食糧買付保管企業による保護価格買付と、間接統制の手段としての政府食糧備蓄との関係をどのように整理するか。第二に、保護価格買付の政策コストをどう考えるか。第三に、保護価格の水準をどのように設定するかである。

第一の点については、1999年以降、独立採算を義務づけている国有食糧企業に、国家の政策である保護価格買付を実施させることの不適切さが問題になった模様である。国有食糧企業に対しては、あらためて「企業」として自立することが求められ、その後、民有化、株式会社化などの所有制改革（「改制」）や、人員整理、資産処分等のリストラが進められることになる。また、少し後の話であるが、2004年には中央政府の備蓄制度と完全にリンクした、最低買付価格による政府買付制度が導入され、国有食糧企業による保護価格買付制度は廃止された。

1998年の食糧流通体制改革案が欲ばりであったのは、農民からの保護価格買付を実施しつつ、国有食糧買付保管企業に利益をあげさせようとした点である。しかしながら、市場経済が発展した先進国の経験は、保護価格（最低支持価格）政策の実施に、逆ざややや在庫処理がつきものであり、巨額な財政負担が避けられないことを示している。1998年の「改革」の失敗から浮かび上がった第二の問題は、中央政府が保護価格買付の実施に不可欠な巨額の財政負担について、どのように考えるかということにあった。その結論は、次章で述べるように、きわめて革新的かつ抜本的であった。すなわち、巨額な費用がかかる割に農家の直接的な受け取りが少なく非効率な保護価格買付は廃止され、その費用で新たに農家に対する直接支払いが開始されたのである。

第三の問題は、財政負担の問題とも深く関係するが、保護価格の水準をどのように考えるかである。この点については、1998年の豊作により食糧過剰問題がいよいよ深刻化したことや、おそらく食糧管理財政負担のそれ以上の増大を避けたいという意思が働いたことなどにより、1999年以降、保護買付の対象となる食糧品目の範囲を縮小したり、保護価格の水準を引き下げたりするなど、1994年以降の食糧価格政策の流れとは逆の動きが生じた。近い将来に予想されたWTO（世界貿易機関）加盟（中国のWTO加盟が最終的に認められたのは

2001年12月のことであるが、対米二国間交渉が妥結した1999年以降、中国国内ではWTO加盟は時間の問題と考えられていた)も、この問題に関係していた可能性が高い[74]。

第4節　保護価格買付の縮減

　次章で詳しく述べるように、中国の食糧流通システムは、2001年の主要消費省(食糧移入省)を皮切りに、2004年までにすべての省で農家からの食糧買付が完全自由化されたことで、市場化改革を完成させた(同時に間接統制システムも完成された)。農村における食糧流通を直接統制に逆戻りさせようとした1998年「改革」からわずか数年で、農村流通の完全自由化が達成されたわけである。これは、一面で1998年「改革」が市場経済化の流れに逆行し、ほとんど実効性がなかったことを物語っているが、別の一面では1999年以降の比較的短期間に、1998年「改革」を巧妙に無害化する政策措置がとられたことを物語っている[75]。

　1998年「改革」の中心は、「三つの政策と一つの改革」である。上述したように三つの政策は、(1) 農民の余剰食糧の保護価格による無制限買付、(2) 国有食糧企業の「順ざや」での食糧販売、(3) 食糧買付資金の封鎖的利用(流用禁止)を指し、一つの改革は、国有食糧企業自身の改革(自主経営・独立採算の確立)を意味する。このうち、三つの政策の(3)と一つの改革は、国有食糧企業の改革に関わっており、食糧流通システムの市場化改革にとって、避けて通れない課題である。他方、三つの政策の(1)と(2)、すなわち市場価格より高い保護価格による農家余剰食糧の全量買付と、そうして買い付けた食糧

---

74) 1994年以降の食糧価格の高騰により、それまで国際価格より低かった中国国内の食糧価格は、国際価格より高くなってしまった。中国政府はWTO加盟にあたり、食糧輸入規制の大幅な緩和を約束していたから、国内食糧価格を引き下げないとWTO加盟後に大量の食糧輸入が生ずる可能性があった。詳しくは池上[2000]参照。

75) 1998年「改革」は朱鎔基総理の強いリーダーシップの下に実施された政策であり、不適切な政策であったとしても、公式に批判することはできず、本質を曖昧にしたままでの「名誉ある撤退」しかありえない。

の「順ざや」販売は、必然的に産地食糧流通の国有食糧企業による独占、すなわち直接統制を必須の条件とする。したがって、産地の流通を自由化し、食糧流通の市場化改革を完成させるためには、保護価格による無制限買付という制度を形骸化する必要がある。

　1998年12月に開かれた中央農村工作会議は、当時の中国農業について、主要農産物の需給が長期的な不足の段階から需給均衡ないし供給過剰の段階への転換期にあり、それが農産物価格の下落や農家所得の伸び悩みをもたらしているという趣旨の分析を行い、1999年の農業政策の第一の課題として農業構造調整をあげた（『人民日報』1998年12月31日）。この場合の主要農産物が主に食糧を指していることはいうまでもない。客観的にみると、中国の食糧需給は1996年頃には過剰基調に転化していたと考えられるが、政策当局がそのことを正式に認めたのは、このときが初めてである。

　1999年6月に出された、農業部の「当面の農業生産構造調整に関する若干の意見」（農業部［1999］）は、農業生産構造調整の重点を作物ごとに具体的に指摘するとともに、農業生産構造調整を促進するための政策を8項目に整理している。耕種農業の生産構造については、まず冒頭で食糧作物、経済作物（食糧以外の農作物の総称であり、工芸作物のほか野菜、果樹、茶葉、花卉等を含む）および飼料作物を合理的に組み合わせることを提案したのち、具体例として沿海経済発達地区と大中都市の郊外においては、食糧の作付面積を減らして、国内外の市場が必要とする価値の高い経済作物の生産を増やすべきだと指摘している。これは、中国政府が1998年までの過度な食糧増産路線を否定し、各地域の比較優位に基づいた適地適産の推進という、「改革開放」以来の農業生産政策の基本路線に立ち戻ったものとして、注目に値する。

　食糧について具体的な構造調整の方針をみると、南方のインディカ早稲（インディカ二期作地帯の一期目の米）および南方の冬小麦については作付を減らすべきだとされる。また、東北の春小麦については、品質を改善しなければならないとしている。次に、作付を増やすべきものとして、良質米、専用品種の小麦、良質の飼料用トウモロコシ、デンプン含量や含油率の高い加工原料用のトウモロコシ、南方のトウモロコシ、良質な大豆、名産・特産の雑穀等をあげ

ているほか、北方の冬小麦についても安定的に発展させるべきだとしている。このほか、中稲・晩稲（一般にインディカ二期作地帯の二期目の米を指す）、一季稲（一期作の米）およびイモ類については、現状維持としている。

　このような生産構造調整路線への転換は、当然食糧買付政策にも影響を与える。国務院は1999年５月に「食糧流通体制改革政策措置の一層の改善に関する通知」（国務院［1999］）を出し、2000年から、東北三省および内モンゴル自治区東部、河北省北部、山西省北部の春小麦、南方のインディカ早稲、長江以南の小麦を保護価格買付の対象から外すこと、ならびにこれらの食糧作物の1999年の保護価格の水準を大幅に引き下げることを通知した。また、2000年以降も引き続き保護価格買付の対象となる食糧品目についても、1999年の保護価格の水準を引き下げることを許容するように（あるいは奨励するようにも）読める条文がみられる。さらに、「通知」には、市場価格が保護価格より低い状況において、契約買付価格を保護価格水準まで引き下げてよいという条文もある。制度的には、1998年までも契約買付価格と保護価格を同一の価格とすることに何の問題もなかったはずであるが、「通知」にあらためて明文化されたことで、1999年以降は全国的に契約買付価格と保護価格の一本化が進んだ。保護価格買付や契約買付の実施にともなう巨額の逆ざやや負担に苦しむ地方政府は、中央政府が少しでも買付価格の引き下げを許容するそぶりをみせれば、ただちに目いっぱいの価格引き下げに走るのである。

　「通知」には、大型の農業産業化龍頭企業（たとえば精米企業や製粉企業が想定される）[76]や飼料生産企業が自社で使うために農民から食糧を買い付けることを認めるという条文もみられる（ただし未加工の状態で転売することは認められない）。1998年「改革」においては、これらの企業は自社で使う目的であっても、農家から直接食糧を購入することが認められていなかったから、わずか一年で政策の見直しが行われたことになる。

　「通知」は、中央政府の地方食糧リスク基金に対する補助金について、1999

---

[76] 農業産業化および龍頭企業の一般的な意味や現代的意義について、詳しくは池上・寳劔［2009］参照。

年から地方政府（省級政府）の請負制として、運用を地方政府に任せるとしている（もちろん食糧流通関連以外の用途への流用は許されない）。また、（保護価格買付の実施にともなう）適正水準以上の在庫に対する食糧リスク基金からの費用補填制度（補助金制度）の存在が、一部国有食糧企業の販売サボタージュを招いているとして、補助金を在庫量ではなく販売量にリンクさせる改革を実施するように、地方政府に求めている。

翌2000年2月の国務院辦公庁「一部の食糧品目を保護価格買付の範囲から除外する問題に関する通知」（国務院辦公庁［2000］）は、前年の「食糧流通体制改革政策措置の一層の改善に関する通知」の予告どおり、東北三省および内モンゴル自治区東部、河北省北部、山西省北部の春小麦、南方のインディカ早稲、長江以南の小麦を保護価格買付の対象から除外することを確認するとともに、長江流域以南のトウモロコシを追加的にこの年から保護価格買付の対象から除外するとした。

さらに、この年の6月に出された国務院「食糧生産流通に関する政策措置を一層改善することに関する通知」（国務院［2000］）は、2001年から山西省・河北省・山東省・河南省のトウモロコシと米も保護価格買付の対象外とすることを予告した。この結果、保護価格買付の対象として残るのは、主に南方の中晩稲、東北三省および内モンゴル自治区東部のトウモロコシと米、黄淮海地区（すなわち華北平原地区）および西北地区の小麦だけとなる。表6－4は不完全な表であるが、この時期に保護価格買付量が急速に減少していく様子は、理解できるであろう[77]。

2000年の二つの「通知」は、このように保護価格買付の範囲を縮小するとともに、産地における食糧買付について一層の統制緩和を進めている。また、中央備蓄食糧倉庫の不足を解消するために、1998年に150億元投資して建設した2500万トンの備蓄倉庫に加えて、2000年と2001年にそれぞれ1000万トンの備蓄

---

[77] 1998年度の保護価格買付量の数字は不明であるが、この年の国有食糧企業買付のほぼ全量が保護価格買付に分類されることは間違いない。前掲表6－1では、これが契約買付と協議買付に分けられているが、契約買付基準価格に等しい保護価格による無制限買付が行われる局面においては、事実上契約買付と保護価格買付の区別はなくなってしまう。

第6章　保護価格買付と1998年「改革」

表6-4　国有食糧企業の保護価格買付（1998〜2003年）

（単位：貿易糧万トン、％）

年度	総買付量	保護価格買付量	割合（％）
1998	9655	n.a.	n.a.
1999	12808	12335	96.3
2000	11695	n.a.	n.a.
2001	11784	n.a.	n.a.
2002	10826	6575	60.7
2003	9717	4064	41.8
1998〜2001平均	11485	10375	90.3
1998〜2002平均	11354	9615	84.7

注1）年度は食糧年度（当年4月〜翌年3月）。
　2）1998、2000、2001の各年の保護価格買付量は不明であるが、1998〜2002年の年平均買付量が9615万トンであることは分かっている。
出所：『中国糧食発展報告2004』43、111頁、『同2011』172頁より筆者作成。

倉庫を建設するとしている。さらに、国務院「通知」は、沿海経済発達地域や大都市郊外では食糧作付面積を減らすべきこと、環境条件が劣悪な地域では「退耕還林」「退耕還草」「退耕還湖」「退耕還湿地」（それぞれ無理に耕地化した土地を山林、草地、湖、湿地に戻すことで、耕地面積の減少につながる）を行うべきことに、わざわざ言及している。中国政府がこの時期、食糧生産を減らしたがっていたことは明らかである。

図6-2および図6-3は、主に『中国農業発展報告』の巻末に掲載のデータに基づいて、小麦とトウモロコシの1985〜2001年の契約買付価格、1985〜1999年の協議買付価格および1988〜2001年の市場価格の推移をみたものである。市場価格は、産地卸売市場価格の平均だと思われるが、初期のデータについては産地自由市場価格の平均である可能性もある。なお、実際の価格の動向を正確に反映していないと思われる1992年および1994〜1996年の契約買付価格については、『中国農業発展報告』の本文中の記事などに基づいてデータを修正した[78]。

図6-2 小麦の名目買付価格

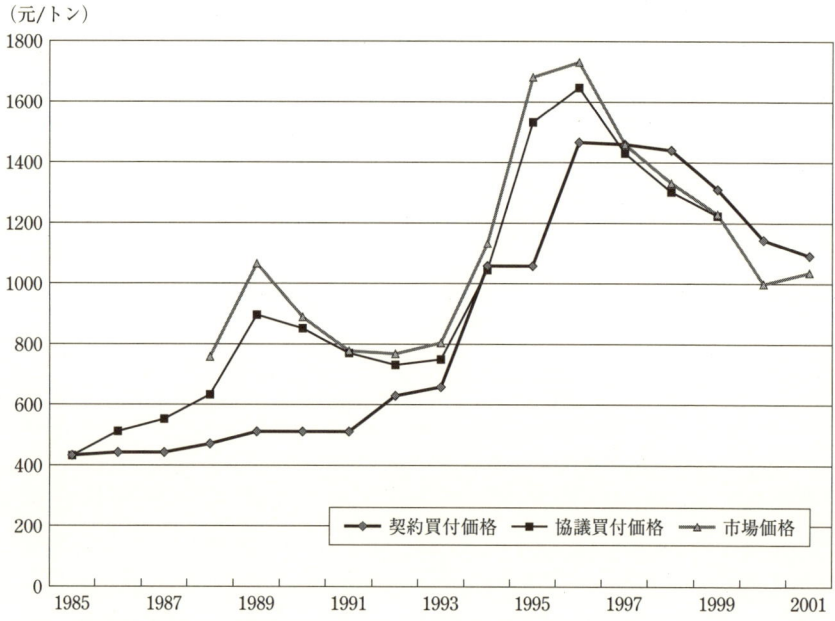

出所:契約買付価格および協議買付価格は『中国農業発展報告1997』57、59頁、『中国農業発展報告2003』128頁、『中国糧食発展報告2004』127頁、市場価格(全国160県の平均)は『中国農業発展報告2006』142頁。

　図6-2および図6-3によれば、1994年と1996年に大幅に引き上げられた契約買付価格は、1998年まではほぼその高い価格を維持したが、その後は徐々に引き下げられている。1996年以降の保護価格は、基本的に契約買付価格に準じ

---

78) 食糧契約買付価格は1994年と1996年に大幅に引き上げられたが、1995年には据え置かれていたはずであり、1997年も据え置き、ないし地域によっては若干の引き下げがあったと考えられる。しかしながら、『中国農業発展報告』巻末のデータでは、1994〜1997年の4年連続で大きな引き上げがあったことになっている。一般に引き上げ後の契約買付価格が適用されるのは冬小麦の買付(夏季)からであるから、月別平均価格をとると1994年の引き上げの約半分は1995年価格に初めて反映され、同様に1996年の引き上げの約半分は1997年価格に初めて反映されることになる。なお、中国の食糧市場価格は、地域差も月ごとの変化も大きいから、図の市場価格は大ざっぱな傾向を示す以上のものではない。

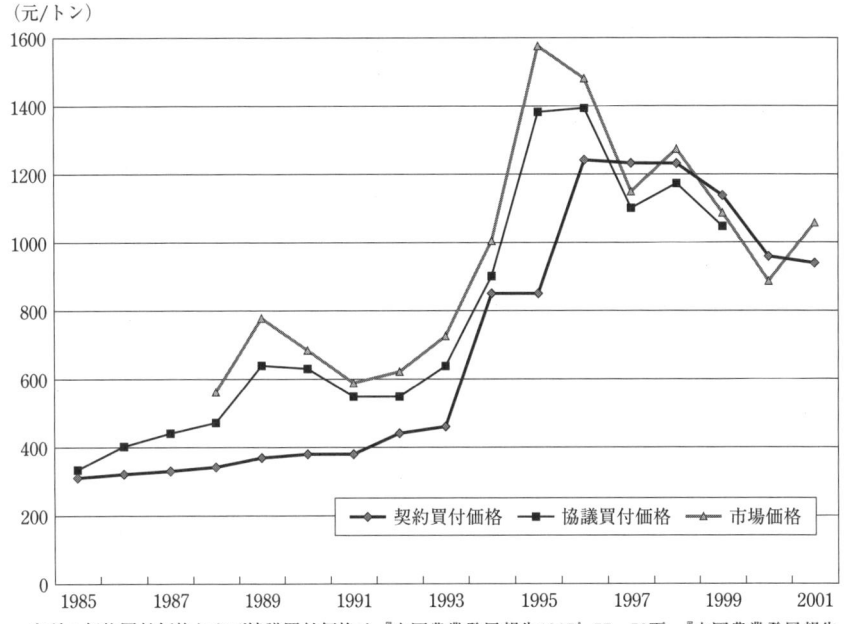

図6-3 トウモロコシの名目買付価格

凡例：契約買付価格　協議買付価格　市場価格

出所：契約買付価格および協議買付価格は『中国農業発展報告1997』57、59頁、『中国農業発展報告2003』128頁、『中国糧食発展報告2004』127頁、市場価格（全国160県の平均）は『中国農業発展報告2006』143頁。

ると考えてよいから、保護価格も1999年以降徐々に低下したことになる。さらに、とくに小麦において明瞭であるが、市場価格は1996年以降急速に下落しており、1998年以降は契約買付（≒保護価格）より低くなっている。

国有食糧企業買付に占める保護価格買付（契約買付を含む）の割合は、1998年と1999年にはほぼ100％近かったが、2000年以降徐々に低下しており、2002年には60.7％、2003年には41.8％となった（前掲表6-4参照）。1998年以降2003年まで、「三つの政策と一つの改革」という基本原則は一貫して保持されているが、保護価格買付の対象となる食糧品目を減らし、保護価格の水準を市場価格に近づける（引き下げる）ことで、産地の食糧流通において市場メカニズムが作用する範囲を少しずつ増やしているのである。

ただし、上述したような食糧価格の継続的な低下の結果、2000年の食糧生産

量は前年比で4621万トン（9.1％）減って4億6218万トンとなった（前掲図2-2、表2-1参照）。この年の絶対的な減産量の4621万トンも、減産率の9.1％も「改革開放」後最大である。2000年の食糧減産には、単位収量が大きく低下したことも関係しているが、作付面積が前年比470万ヘクタール（4.2％）減少したことも大きかった。食糧作付面積の大幅な減少は2003年まで続き、2000～2003年の4年間の合計で1375万ヘクタール（1999年の作付面積の12.2％）にも達した。2003年の食糧生産量は4億3070万トンまで低下し、当時の史上最高生産量であった1998年の5億1230万トンに比べて、じつに8160万トンも少なくなってしまった。前掲図2-5～図2-7によれば、不足する食糧供給を補うために、この時期食糧の期末在庫量も期末在庫率も急速に低下しているが、それでも2003年まで目立った市場価格の上昇はなかったから、1990年代後半に膨れあがった食糧在庫が、いかに大きかったかがよくわかる。

第5節　食糧流通システムとしての評価

　1993年（省によっては1992年）の市場化改革後、1994年に再び複線型流通システムへの回帰が起こり、1996～1997年には市場価格より高い価格での国家備蓄用買付を実施し、1997年以降は同じく市場価格より高い保護価格での無制限買付を行う。さらに、1998年には保護価格買付が逆ざやによる赤字を出さないように、農村における食糧流通を国有食糧企業に独占させようとする。1993年から1998年（ないし2000年頃）までの食糧流通制度改革は、それまでの15年間と比べても政策のぶれが大きく評価が難しい。ここでは、第1章で提示した三つの視点に基づき、この時期の食糧流通システムの展開が、「改革開放」後の食糧流通制度改革の流れのなかで、どのように位置づけられるかについて考えてみたい。

1. 消費者保護から生産者保護への転換

　まず、この時期の食糧流通システムについて評価する場合に、1992年における契約買付価格と統一販売価格（配給価格）の逆ざや解消を踏まえて、1993年

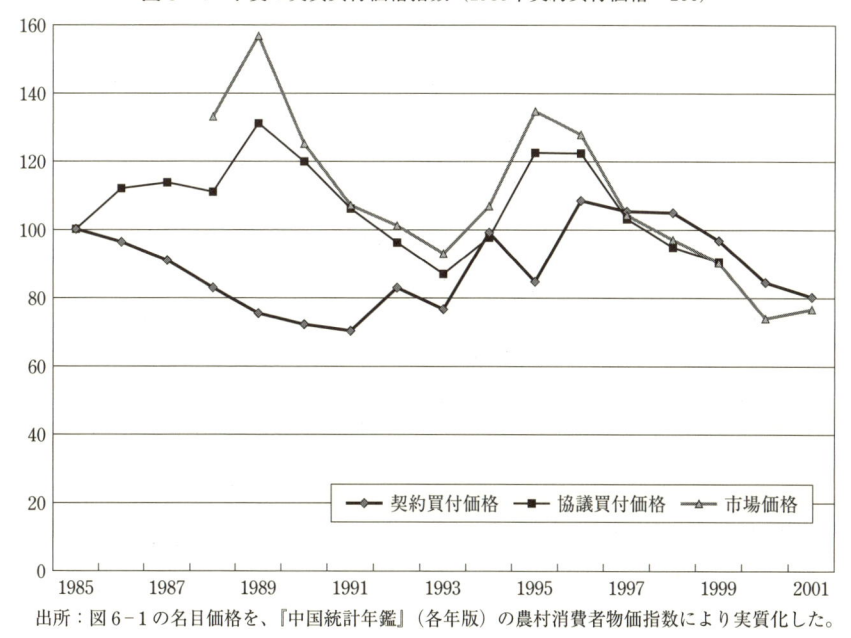

図6-4 小麦の実質買付価格指数（1985年契約買付価格＝100）

出所：図6-1の名目価格を、『中国統計年鑑』（各年版）の農村消費者物価指数により実質化した。

（省によっては1992年）に、統一販売制度（配給制度）を廃止したことの意味は大きい。統一販売制度の廃止後も、政府は都市住民に対する安定的な食糧供給に対して、量的な意味でも価格的な意味でも責任を持つが[79]、低価格での配給制度が廃止され、消費者価格が自由化されたことで、逆ざやの財政負担を考慮して農民からの買付価格を低く抑える必要性はなくなった。

図6-4および図6-5は、図6-2および図6-3の名目買付価格を農村消費者物価指数でデフレートしたうえで、1985年の契約買付価格を100とする指数で表したものである。これによれば、1980年代後半には、小麦もトウモロコシも実質市場価格（協議買付価格）が上昇しているにもかかわらず、実質契約買付価格は下落しており、両者の価格差が拡大している。しかしながら、1992年か

---

[79] 1993年以降、この責任は中央政府から地方政府に委譲された。1995年に体系化される「米袋」（食糧）省長責任制の本質はこの点にある。

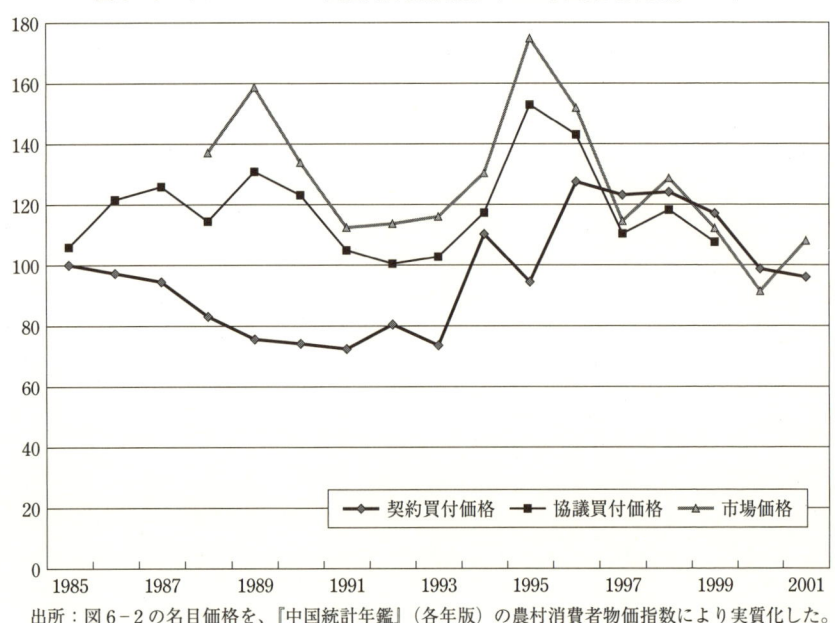

図6-5 トウモロコシの実質買付価格指数（1985年契約買付価格＝100）

出所：図6-2の名目価格を、『中国統計年鑑』（各年版）の農村消費者物価指数により実質化した。

ら1996年には実質契約買付価格は（隔年ではあるが）大幅に上昇しており、1996年以降市場価格が暴落に転じても、少なくとも1998年までは契約買付価格を高く維持する政策がとられたために、市場価格と契約買付価格の逆転現象が生じた。

以上を整理するならば、この時期の食糧流通システムは、(1) 低価格での配給制の廃止、(2) 契約買付価格の大幅引き上げならびに市場価格との逆転、(3) 市場価格より高い価格での備蓄用買付（1996～1997年）や保護価格買付（1997～2000年）の実施に現れているように、1980年代までの消費者保護的な流通システムとは明らかに異なる、生産者保護的な流通システムへの転換がみられる。中国国内の研究者で明確にこうした視点を提示している者はいないが、盧邁［1997: 57］は複線型流通システムの目的が、都市消費者の既得権益の保護から市場の安定保持に変わったという、筆者に近い評価をしている。また、盧鋒［2004: 109-115］は、1996～1997年の保護価格の水準が市場均衡価格を上

まわっており、価格支持政策に当たるという評価をしている[80]。

なお、1994年以降、契約買付価格が大幅に引き上げられていった背景に、1990年代前半における食糧生産の停滞があるのも確かであるが、同じく食糧生産が停滞した1980年代後半には、市場価格が大きく上昇したにもかかわらず、契約買付価格は低く抑えられていた。都市住民への低価格での食糧供給という政策課題を抱えつつも、国家の財政負担能力の低い開発途上国の場合（1980年代の中国はまだこうした経済発展段階にあったと考えられる）、食糧の不足がただちに食糧価格の引き上げという政策選択につながるわけではない。また、1994年以降の契約買付価格の引き上げを単なる増産政策とみなしてしまうと、1996年以降食糧需給が過剰基調に転じてのちも、しばらく契約買付価格を高く維持しようとしたり、保護価格買付による無制限買付を実施したりすることの意味が理解できなくなる。

2. 市場化改革の不可逆性

1998年の産地食糧流通システムは、実態としてはともかく制度の建前としては直接統制システムであるが、消費地における食糧流通システムは、配給制が廃止された1993年以降、完全な市場システムとなっている。それでも、もし実際に農家の販売食糧のすべてを国有食糧企業が購入することができれば、「順ざや」での食糧販売は実行可能であったかもしれない。しかしながら、第5章の事例分析からも明らかなように、すでに無数の流通業者が活躍する当時の中国農村において、国有食糧企業が販売食糧のすべてを掌握することなど、どだい無理な話である。

さらに、民間業者を完全に排除できないこと以上に重要とも考えられるのは、そもそも国有食糧企業は1992〜1993年の市場化改革以降、政府のエージェントとしての機能を捨てて企業としての機能に純化するよう国に要請されており、1998年当時はすでに利潤動機で動く企業としての性格を強めていたことである。

---

80) 盧鋒自身は、「生産刺激的で農民への所得移転効果がある」という表現を用いているが、これこそが農業経済学でいうところの「価格支持政策」の定義にほかならない。

そのため、食糧が過剰基調にあり市場価格が下落傾向にあるなかで、保護価格での買付をサボタージュする企業も少なくなかった。

1998年「改革」の失敗は、見方を変えるならば、農村への市場流通システムの浸透と、国有食糧企業の企業化改革が、不可逆的に進んでいることを証明したともいえる。このことを痛感した中国政府は、1999年以降あらためて1992～93年当時の改革理念に立ち戻り、産地流通の市場化と国有食糧企業の企業としての自立（独立採算化など）を進める政策に力を入れることになる。

3. 間接統制システムの未成熟

食糧とくに米と小麦は主食であり、政府は需給および価格の安定を強く求められる。統一買付統一販売制度は、食糧の需給と価格を直接統制システムにより管理したが、1990年に食糧特別備蓄制度を設立し、1992～1993年に統一販売制度（配給制度）を廃止して後の中国は、これを間接統制システムにより管理しようとした。

1996年に食糧が大増産すると、中央政府は1996年から1997年前半にかけて3000万トン近い特別備蓄食糧の買付を行い、生産者価格の下落を防ごうとした。しかし、不思議なことにその後は特別備蓄用の食糧買付はほとんどストップし、生産者価格の下支えの任務を国有食糧企業に押しつけた（保護価格による無制限買付）。中央政府は、保護価格による無制限買付の実施に必要な資金の一部（買付資金の借入金利子や適正水準以上の在庫の保管費用等）を負担したが、市場価格が下落を続けるなかで、不可避的に発生する逆ざやの負担は一切行わなかった。そして、1998年には国有食糧企業に対して、保護価格買付した食糧の「順ざや」による販売を義務づけることで、逆ざやの発生を政策的に禁止した。つまり、逆ざやの費用負担問題は、そもそも存在しないことにされたのである。もちろん、このような政策がうまくいくはずもないことは上述したとおりであり、この時期に地方の国有食糧企業が被った大量の赤字（中国農業発展銀行に対する債務）は、現在に至るまで少しずつ中央政府と地方政府が返済を続けている。

中国政府は、1990年に国家食糧特別備蓄制度を作ったが、同制度の運営主体

第6章　保護価格買付と1998年「改革」

である国家食糧備蓄局はもともと自前の食糧倉庫を有していたわけではなく、実際の買付業務は地方政府の食糧部門（国有食糧企業）に委託され、買い付けられた食糧は国有食糧企業の倉庫に置かれた。そのため、実態として備蓄食糧と国有食糧企業の流通在庫との区分管理が行えず、中央政府が備蓄食糧管理のために支出する補助金も、地方政府の食糧部門ないし国有食糧企業によって流用されることが避けられなかった。

　中央政府は、1996年に過去にない大量の特別備蓄食糧の買付を行ったが、この年の10月に、初めて国家備蓄食糧の垂直管理、すなわち中央政府（国家食糧備蓄局）による直接区分管理の方針を打ち出した（『中国貿易年鑑1997』Ⅰ-19、Ⅳ-2頁）。1997年には、地方の大型備蓄食糧倉庫の所有権の国家食糧備蓄局への移転、地方の遊休倉庫の買入・借入等を進めたが（『中国貿易年鑑1998』Ⅶ-22頁）、倉庫のキャパシティはきわめて限定的であった。そのため、中国政府は、1998年6月に国債資金を利用した150億元の投資（これは例年の食糧倉庫建設のための財政支出の約30倍に当たる）による2500万トンの中央直属備蓄食糧倉庫（「中央直属儲備糧庫」）建設計画を打ち出し（『中国貿易年鑑2000』112頁）、さらに2000年と2001年に、それぞれ1000万トンの中央直属備蓄食糧倉庫建設計画を打ち出した（『中国農業発展報告2001』61頁）。

　1997年後半以降、中央政府が特別備蓄食糧の買入を停止した理由は公式には明らかにされていないが、備蓄倉庫の容量の不足が関係している可能性がある。また、地方政府に食糧の保護価格買付の実施を求めながら、その政策の実施に必要な財政資金をほとんど支出せず、事実上地方政府に財政的負担を押しつけたり、国有食糧企業に「順ざや」による食糧販売を強制することで費用問題の発生自体を否定したりしたことから判断すると、中央政府の財政支出能力の制約が関係している可能性もある。

　国家備蓄食糧の垂直管理は、中央政府による食糧流通の間接統制の実効性を高めるために、不可欠な制度である。1997年以降とくに1998年の保護価格による無制限買付は、直接統制的手法によるものであり、食糧流通の市場化改革の流れに逆行する性格を有するが、こうした政策の背後において、急ピッチで中央直属備蓄食糧倉庫の建設が行われ、食糧流通の間接統制システムのための物

的基礎の形成が進んだことも事実である。1990年代後半の食糧流通政策には、改革の逆行という側面も、次の改革への助走（準備段階）という側面もあるが、ここでは、間接統制を効率的に行うための枠組みの欠如と財政資金の不足（ひと言でいうならば間接統制システムの未成熟）が、食糧価格の下落と食糧販売難という農家経済の危機的局面において、緊急避難的に直接統制への回帰をもたらしたという解釈をしたい。

第7章

間接統制システムの完成と農業保護の強化

(2001〜2011年)

第1節　保護価格買付から直接支払いへ

　前章で述べたとおり、中国政府は1998年の「食糧流通体制改革」の失敗後、1999年から2001年にかけて、保護価格買付の対象となる食糧品目および地域の縮小、ならびに保護価格水準の引き下げという政策を実施した。そして、ついに2001年に東南沿海部8省・直轄市の農村部（産地）において、農家からの食糧買付および価格を自由化する改革に踏み出した。もともと、都市部（消費地）の卸売と小売は自由化されていたわけであるから、この改革の実施によって、沿海8省市の食糧流通は完全に自由化されたことになる。農村における食糧買付および食糧価格を自由化する改革は、2002年以降順次ほかの省・自治区・直轄市にも広まり、2004年には全国すべての省級行政区において、食糧流通が完全に自由化された。農村における食糧の買付と価格を自由化する改革については、第3節で詳しく述べることにして、本節では保護価格買付に代わる農民保護手法として、農家に対する直接補助金（直接支払い）制度が導入された経緯について明らかにしておきたい。

　農家に対する直接補助金制度は、2000年から導入の検討が開始され、2002〜2003年に一部の省で試験的に実施され、2004年に全国に普及した。以上のすべての過程を主管官庁として担当したのは財政部である。ここでは、2000年7月

から2008年3月まで財政部の食糧財政担当の副部長であった朱志剛が、2008年1月に出版した『我国糧食安全与財政問題研究』(朱［2008］)などに基づいて、直接補助金制度が導入された経緯について検討したい。

1997年から本格的に実施された保護価格による無制限買付は、農民保護を目的とする一種の価格支持政策であるが、流通段階における間接的な保護であるために、農民に対する直接補助金に比べて、保護の資金効率が悪いという問題があった。朱［2008: 39］によれば、2000年の小麦主産地(河南、山東、河北の各省)の事例では、小麦市場価格が1斤(0.5キロ)当たり0.54元であったのに対し、保護価格は0.57元であった。つまり、農民は保護価格買付の実施により、1斤当たり0.03元の価格支持を受けたことになるが、財政当局はこの政策を実施するために、国有食糧企業に対して1斤当たり約0.2元の補填(買付費用補填：0.025元、保管費用利子補填：保管期間を2年として0.146元、逆ざやの損失補填：0.03元)を行う必要があった。このケースでは、財政支出額に対する農民の受益額の割合は、わずか15％にしかならない。しかも、国有食糧企業は自分の利益のために、しばしば口実を付けて(たとえば実際よりも水分や夾雑物が多いとみなすなど)買付価格を引き下げたから、農民の実際の受益額は国が想定する以上に少なかった可能性もある。

さらに、保護価格による無制限買付は、保護価格の設定が高すぎると食糧増産にともなう国有食糧企業の過剰在庫をもたらし、政府は結局在庫食糧を逆ざやで販売するか、保護価格を引き下げるかしかなくなり、最終的に農民の利益を有効に保護できなくなる。ちなみに、(原文中には明示されていないが文脈から考えて)国有食糧企業の在庫は、保護価格による無制限買付を実施する前は一般に1億トン程度で、最も多いときでも1億6500万トンであったが、1997年末には2億570万トンとなり、2001年末にはさらに増えて2億6540万トン(いずれも貿易糧)になったという(朱［2008: 39］)。もちろん、在庫が適正水準を超えて増大するのは、保護価格買付制度自体の問題というよりは、価格設定の問題である。ただし、保護価格買付のような価格支持政策においては、日本の食糧管理制度を含む先進国の経験に示されているように、農家の収入を増やすために価格設定が高くなる傾向がある。

また、保護価格買付の実施主体である国有食糧企業は、中国農業発展銀行から確実に保護価格買付のための資金を借り入れることができる。過剰在庫には政府の費用補填があり、損失が出ても銀行からの借入金を返さなければよい（いずれは政府が解決してくれる）のであるから、国の政策に対する依存心が強くなり、企業としての自立心を失ってしまうという問題もある。朱［2008: 40］によれば、1998年から2003年の6年間に中央政府と地方政府は累計で1636億元を食糧リスク基金に拠出したが、国有食糧企業は1636億元の補助金を受け取ったうえに、さらに累計で600億元の損失を出した[81]。

　財政部は、保護価格買付制度が以上のような致命的欠陥を有することから、農民保護政策の抜本的な改革が必要と考えた。財政部は、EU（欧州連合）における農民保護政策の価格支持から直接所得補償への転換の経験や、中国のWTO（世界貿易機関）加盟後に価格支持政策が削減対象の保護とみなされることなどの検討を踏まえ、2000年後半から食糧生産農民に対する直接補助金（中国語で正式には「種糧農民直接補貼」、一般には「糧食直補」）政策の制度設計を開始した。そして、2001年3月の国務院に対する「食糧改革政策の改善に関する建議」（「関於完善糧改政策的建議」）のなかで、農民に対する直接補助金の構想を提示した（朱［2008: 40-42］）。この構想は、同年7月の国務院「食糧流通体制改革を一層深化させることに関する通知」（国務院［2001］）のなかで、農村税費改革（の試験）を実施している地区から（それぞれ）1〜2県を選び試験的に実施することが認められた。農村税費改革というのは、それまで農業税のほかに多額の各種賦課金（これを中国語では「費用」と総称する）があった農民負担を農業税に一本化するとともに、農業税の税率を低く抑えることで、農民負担を軽減しようとする改革のことである[82]。

---

81) 前掲表6-2によれば、国有食糧企業の損失は1998〜2001年の4年間のみで627.27億元に達するから、1998〜2003年の損失が600億元という数字は過少とも考えられる。ただし、1998年の損失は、「食糧流通体制改革の深化に関する決定」の出される5月までの分と6月以降の分を分けて計算することになっており、かつ「順ざや」による販売を厳しく求められた6月以降の損失は大幅に減少している（在庫食糧を販売しない限り損失は確定しない）。したがって、朱［2008: 40］の1998年の数字が6月以降の分しか含まないとすれば、1998〜2003年の損失が600億元というのは妥当である。

財政部は、翌2002年に安徽、吉林、湖南、湖北、河南、遼寧、内モンゴル、江西、河北の9省・自治区の一部の県で、食糧直接補助金の試験を実施した（朱［2008: 42］）。2003年の試験実施地区はさらに拡大するが、補助金の具体的な支払い方法には大きく三つのタイプがあった。（1）保護価格買付を廃止（産地流通を自由化）し、食糧販売量と切り離して、面積（または平年生産量）当たりで一律に補助金を支払う、（2）保護価格買付は廃止（産地流通は自由化）するが、農家が国有食糧企業等に販売した食糧数量に応じて補助金を支払う（農民は販売数量の証明書と交換に、郷鎮財政所から補助金を受け取る）、（3）保護価格買付は廃止しない（農民にとっては従来と同じである）が、市場価格と保護価格との差額分は財政ルートで国有食糧企業に提供されるので、国有食糧企業にとっての買付価格は市場価格となる（『中国糧食発展報告2004』43-45頁）。

　以上の三つの方法のうち、第二、第三の方法は政策実施コストが高く、とくに第三の方式では国有食糧企業が補助金を詐取する可能性を排除できない。そのため、2004年に食糧直接補助金制度が全国的に実施される際に選択されたのは、安徽省等で試験的に実施された第一の方式であった。2004年3月の財政部「食糧生産農民に対する直接補助金の実行および食糧リスク基金の使用範囲の調整に関する実施意見」（財政部［2004］）によれば、農家に対する直接補助金額の計算は、（1）農業税課税基準面積当たり、（2）農業税課税基準平年食糧生産量当たり、（3）食糧作付面積当たり、という三方式のなかから、各省が任意に選ぶこととされた。ただし、翌2005年2月の財政部・国家発展改革委員会・農業部・国家糧食局・中国農業発展銀行「食糧生産農民に対する直接補助金政策の一層の改善に関する意見」（財政部・国家発展和改革委員会・農業部・国家糧食局・中国農業発展銀行［2005］）は、食糧主産省・自治区における直接補助金額の計算は、原則として食糧生産農民の実際の食糧作付面積当たりで行うように通知しており、実際の食糧面積と補助金とのリンクが強められている。この年の調査では、食糧主産省・自治区で食糧直接補助金政策を実施する1551

82）農村税費改革について、詳しくは池上［2009b］および謝［2008］を参照。

県のうち、食糧作付面積当たりで一律に補助金を支払う県は1072であった。農業税課税基準面積から食糧作付地への復原が困難な果樹園や養魚池などの面積を除いた面積当たりで一律に補助金を支払う174県と合わせると、全体の80％に達した（『中国糧食市場発展報告2006』310頁）。

　財政部［2004］によれば、食糧直接補助金を重点的に実施する地域は、13食糧主産省・自治区（河北、内モンゴル、遼寧、吉林、黒龍江、江蘇、安徽、江西、山東、河南、湖北、湖南、四川）とされた。そして、2004年には、これらの省・自治区の食糧リスク基金250億元の40％に当たる100億元をこの政策に支出し、3年後にはこの比率を50％に高めるとされた（同様の内容は国務院［2004a］にもある）。実際には、2004年に食糧主産省・自治区で食糧直接補助金に支出された金額は103億元、その他の省・直轄市・自治区での支出を合わせると、食糧直接補助金の支出は全国で116億元に達した。1994年に各省級行政区に設立された食糧リスク基金の使用目的は、2003年までは主に保護価格買付の実施および省級食糧備蓄の運用にともなう国有食糧企業への費用補填（補助金）であったが、2004年からその用途の筆頭に食糧直接補助金が加えられたのである。その後、2006年には主産省・自治区の食糧直接補助金額が126.8億元となり、食糧リスク基金の50％という政府目標を達成した。また、翌2007年には全国で151億元となり、食糧リスク基金全体（301.83億元）でも50％という基準を達成した。

　ちなみに、食糧リスク基金の規模は、設立当初は全国の合計でも70.96億元（これを中央財政40％、地方財政60％の比率で分担）でしかなかったが、その後徐々に拡大され、1999年には252.69億元（うち中央財政からの補助金123.56億元、地方財政からの支出129.13億元）となった。さらに、2001年には中央財政の補助金が49.14億元増やされ、301.83億元（うち中央財政172.7億元、地方財政129.13億元）となった（『中国糧食発展報告2004』46頁）。その後、2008～2010年の3年間に13食糧主産省・自治区財政の負担分98億元がすべて廃止（中央財政が肩代わり）され、2011年から中央財政の補助金がさらに80億元増やされた。この結果、2011年現在の食糧リスク基金の規模は全国で382億元、うち13食糧主産省・自治区が330億元（全額が中央財政からの補助金）、その他の省・自治

区・直轄市が52億元（うち中央財政からの補助金21億元、地方財政の支出31億元）となった（聶［2012］）。

　食糧リスク基金は、1994年の設立当初から食糧主産地に重きを置いていたが、その後一貫してその傾向を強めるとともに、食糧主産地の負担軽減（中央財政による地方財政負担分の肩代わり）も進んだ。これとは別に、2005年以降、中央財政から食糧主産県に対する交付金（用途を特定しない財政補填）の提供も開始された（2011年の予算規模は225億元）。2002年の第16回党大会後、住民所得が低く財政基盤も劣弱な食糧主産地に対する、財政的支援が強められる傾向にある。

　食糧直接補助金の金額は地域によって異なるが、一般に1ムー（15ムー＝1ha）当たり10元程度にしかならない。したがって、この政策だけを単独で取り出して評価しても、金額的にはさほど大きな意味があるとはいえない。しかしながら、第16回党大会以降のこの時期には、表7-1に示したように、食糧直接補助金のほかに優良品種補助金（「良種補貼」）、農業機械購入補助金（「農機購置補貼」）（2004～2005年には以上を総称して「三つの補助金」と呼んだ）、やや遅れて農業生産資材総合直接補助金（「農資綜合直補」）といった農家に対する補助金（2006年以降は以上を総称して「四つの補助金」と呼ぶ）が次々と導入されている。また、これらの新しい農業補助金政策の開始と並行して、農民の負担を軽減する農村税費改革も実施されているわけであるから、全体としての農家所得引き上げ効果は決して小さくない。

　優良品種補助金は、もともと2002年に中央財政が1億元を支出して、東北三省および内モンゴル自治区において良質大豆を普及しようとしたことから始まっている。2003年には対象品目に良質専用小麦が加わり、2004年には水稲および専用トウモロコシが、2007年にはさらに綿花とナタネが補助金の対象に加えられた。現在では、そのほかにもジャガイモの種イモ、ハダカムギ、落花生なども対象となっている。優良品種補助金の支給方法には三種類ある。第一に、優良品種の種子を補助金分だけ安く提供する。第二に、種子の購入は農家が市場価格で行い、あとから補助金を申請する。第三に、農業税課税基準面積または実際の作付面積に応じて一定額の補助金を支払う。第三の方法は、農家が実

表7-1 四つの補助金

(単位：億元)

年	合計	食糧直接補助金	優良品種補助金	農業機械購入補助金	農業生産資材総合直接補助金
2002	1		1		
2003	3		3		
2004	145	116	29	1	
2005	174	132	39	3	
2006	310	142	42	6	120
2007	514	151	67	20	276
2008	1030	151	123	40	716
2009	1275	151	199	130	795
2010	1226	151	204	155	716
2011	1406	151	220	175	860

注）食糧直接補助金は食糧リスク基金からの支出。その他の三つの補助金はいずれも中央財政からの支出。
出所：『中国農業発展報告（各年版）』、2011年は予算額。

際に優良品種の種子を購入しているかどうかには関係がなく、事実上農家に対する直接所得補償になっている。優良品種補助金の対象品目のなかで最大のウェートを占める水稲は、第三の方法を採用している。

　農業生産資材総合直接補助金は、2006年に中国国内の石油価格が引き上げられ、それにともない農業用ディーゼル油や化学肥料、農業用ビニールなどの価格が上昇したことの補償措置として導入され、2008年に石油の国際価格が高騰した際に大幅に増額された。しかしながら、その後石油の国際価格が下落したにもかかわらず、2009年の補助金額は増額されており、すでにこの補助金が一種の直接所得補償に転化していることを示している（2010年には減額）。農業生産資材総合直接補助金は、実際のディーゼル油や化学肥料の購入量とは全く関係なく、面積に応じて直接農家に支払われる。ただし、面積当たりの補助金額は地域によって異なり、食糧主産地に手厚く配分されている。

　農業機械購入補助金は、農家がトラクターやコンバインなどの大型農業機械を購入する際に、販売会社を通じて補助金を支給する政策であり、機械を購入しない農家には関係ない。しかしながら、そのほかの三つの補助金、とくに食

糧直接補助金と農業生産資材総合直接補助金については、事実上農家に対する直接所得補償に近い性格の補助金になっている。その支給方法も、制度導入の当初は郷鎮財政所を経由することもあったが、現在は農家が農村信用合作社等の金融機関に有する補助金専用口座に振り込まれるのが一般的である（『中国農業年鑑2007』67頁、『同2008』87-88頁、『中国農業発展報告2011』89-90頁）。なお、四つの補助金のうち、スタート時点に大部分を占めた食糧直接補助金の伸びが小さく、その他三つの補助金の伸びが大きいのは、食糧直接補助金が食糧リスク基金の規模に規定されざるを得ないのに対して、ほかの三つの補助金は中央財政から直接支出されるからだと考えられる。

　2010年の農業機械購入補助金を除く三つの補助金の総額を、単純に全国の耕地面積で割ると、1ムー当たり約59元となるが（『中国農業発展報告2011』90頁）、補助金が食糧主産地に手厚く配分されていることを考慮すると、1ムー当たり補助金が70～80元程度になる地域は少なからず存在すると思われる。それにしても、1戸当たり平均経営耕地面積が9ムー（0.6ヘクタール）程度でしかない中国においては、さほど大きな金額とはいえないが、それまで国から搾取されるばかりであった中国農民が、国から補助金を受け取るようになったことの意味は、その表面的な金額以上に大きい。

　実質的に農家所得を増大させたという意味では、2000年から本格的な試験が開始された税費改革と、その後に続く農業税や農業特産税等の廃止の効果も大きい。中国政府によれば、1998年当時の農民負担総額は全国で約1200億元であったが、これが2003年884億元、2004年582億元と減少し、2006年には農業税の全廃によって、ほぼゼロになった。なお、農業税の廃止は、2004年に黒龍江省と吉林省において先行的に実施されており、その他の11食糧主産省・自治区の農業税率もこの年3％軽減されて4％となっている。ここにおいても、食糧主産地に対する配慮がみられる。農民負担の廃止によって減少した郷鎮政府および村民委員会の収入は、大部分が中央政府および省級政府、地区（市）級政府からの財政移転によって補填された。農業税等の廃止にともなう、2006年の中央政府の財政移転総額は780億元、省級および地区（市）級政府のそれは250億元であり、合計すると1030億元となる（池上［2009: 50-51］）。1200億元の農民負担を

単純に全国の耕地面積で割ると、1ムー当たり66元程度になるが、農民負担は一般に経済発展地区において少なく、純農村地区において多かったから、食糧主産地の負担軽減額は全国平均の数字よりも、はるかに大きかったと思われる。

保護価格買付政策の目的は、政策当局の主観としては、もちろん農民保護（農民所得支持）にあったが、実際の所得引き上げ効果は小さかった。農民保護手法の保護価格買付から農家直接補助（直接所得補償）への転換は、税費改革と同時並行的に行われたこともあり、国の政策が農民保護に転換したことを、初めて中国農民に実感させることができたのではないだろうか。表面的には農民保護政策の後退ともみえる保護価格買付制度の廃止は、保護価格買付の中止が食糧直接補助金の原資になったことも含めて、農民保護の後退ではなく、農民保護政策手法の転換と理解すべきものである。

第2節　食糧備蓄制度の完成とその運用

保護価格買付制度の廃止は、産地の市場価格（農家の販売価格）が下落したときの保障をなくすことに等しい。食糧直接補助金は、食糧価格の変動とは無関係に、面積当たりで一律に支払われるものであるから、食糧価格下落時の所得補償にはならない。したがって、食糧生産農家の所得の低下を防ぐためには、新たな政策措置が必要である。そこで、主産地の食糧買付が自由化された2004年に、保護価格買付に代わる制度として新たに食糧最低買付価格（「糧食最低収購価」）制度が導入されることになった。

保護価格買付の実施主体が一般の地方国有食糧企業であったのに対して、最低買付価格政策の実施主体は中央政府に直属する中国備蓄食糧管理総公司であり、最低買付価格で買い付けられた食糧は全量が中央政府の備蓄（緩衝在庫）となる。その意味では、最低買付価格制度は、1997年以降大々的に実施された保護価格買付制度を母体とする制度ではなく、1990年代初頭に成立した国家特別備蓄食糧制度に淵源を持ち、1996年から1997年上半期にかけて大量に実施された（そしてその後はほとんど実施されなかった）価格支持のための国家備蓄向け食糧買付の系譜をひく制度だと考えられる。1997年に大規模な国家備蓄向

け買付が中断されてから、2004年に最低買付価格制度が導入されるまでの間に7年の歳月が経っているが、中国政府はその間何もしなかったわけではない。すなわち、その間に、中央備蓄食糧の管理運用能力を高めるための、大量の専用備蓄倉庫の建設と専門的管理機構の整備が進められた。

中央備蓄食糧管理を強化するための専用倉庫建設と専門の国有管理会社設立の方針は、前章で述べたように1998年の国務院「食糧流通体制改革の一層の深化に関する決定」のなかで打ち出された。この方針に基づき、1998年に2500万トン、さらに2000年と2001年にそれぞれ1000万トン（以上合計4500万トン）の中央直属備蓄食糧倉庫（「中央直属儲備糧庫」）の建設が行われたことも、上述したとおりである。

中央備蓄食糧管理のための専門の会社としては、2000年に中国備蓄食糧管理総公司（「中国儲備糧管理総公司」）が設立され、中央備蓄食糧の買付・保管・輸送・販売・輸出入に関する業務に当たることになった。中国備蓄食糧管理総公司が設立されるまでの歴史的経緯を整理すると、まず1991年に当時の国家特別備蓄食糧を管理する政府機関として国家食糧備蓄局（「国家糧食儲備局」）が設立された。この組織は1998年の国務院機構改革の際に国家発展計画委員会の外局に位置づけられたが、このとき国家食糧備蓄局とは別に、国家発展計画委員会の内局として新たに食糧コントロール弁公室（「糧食調控辦公室」）が設けられ、それまで国家食糧備蓄局が所管していた食糧の需給管理、輸出入計画等の業務はこの弁公室が担当することになった（この結果、国家食糧備蓄局の業務は純粋に中央備蓄食糧の管理に関係する事項のみとなった）。

中央備蓄食糧の管理系統が、食糧流通全般を管理する行政組織から分離されたのは、このときが初めてである。その後、2000年に食糧コントロール弁公室と国家食糧備蓄局の食糧備蓄政策の策定等に関わる部局が合併して国家糧食局が設立されるとともに、国家食糧備蓄局のうち国家糧食局に移行しなかった部局および国家食糧備蓄局に所属していた企業の一部が合併して、中国備蓄食糧管理総公司が設立されたのである。政府機関として備蓄を含む食糧流通全般を管理する国家糧食局と、いわば準政府機関として中央備蓄食糧の日常的な管理運用に当たる中国備蓄食糧管理総公司の、二本立てによる中央備蓄食糧管理体

制は、その後変更のないまま現在に至っている。

　中国備蓄糧管理総公司は、資本金166.8億元、2010年末現在の資産総額3088.2億元、社員2.1万人という巨大国有企業であり、全国に24の分公司（支社）、338の直属備蓄食糧倉庫（「直属庫」）および四つの子会社を有する[83]。このうち、直属備蓄食糧倉庫と子会社は、法人資格を有する独立採算の企業である。直属備蓄食糧倉庫の容量（保管能力）については公表されていないが、2001年頃のデータで194の直属備蓄食糧倉庫で2090万トンとある（『中国農業発展報告2002』75頁）ことからすると、おそらく338の直属備蓄食糧倉庫を全部合わせても3500〜4000万トン程度にしかならないであろう。中国政府は上述した4500万トンの建設計画など、2003年末までに合計337億元を投資して、5240万トンの中央直属備蓄食糧倉庫を建設したが（『中国農業発展報告2004』3頁）、このすべてが中国備蓄糧管理総公司の保有というわけではないようである。

　2001年の国務院「食糧流通体制改革の一層の深化に関する意見」（国務院［2001］）には、2002年までに「中央備蓄食糧の規模を7500万トンまで徐々に拡大する」という規定がある。2001年当時で2000万トン程度、現在でもたかだか4000万トン程度と想定される直属備蓄食糧倉庫の保管能力では全く足りない分量である。中国政府は、直属備蓄食糧倉庫の容量で不足する分は、一般の地方国有食糧企業等の倉庫を利用して中央備蓄食糧を保管することを認めており、2003年8月に制定された「中央備蓄食糧管理条例」（国務院［2003］）には、中央備蓄食糧は一定の条件を満たす企業によって代理保管（「代儲」）してもよいという規定がある。この規定を受けて、2004年に国家発展改革委員会・財政部「中央備蓄食糧代理保管資格認定方法」（国家発展和改革委員会・財政部［2004］）および国家糧食局「中央備蓄食糧代理保管資格認定方法実施細則」（国家糧食局［2004］）が制定されている。

---

[83] 中国儲備糧管理総公司ホームページ（http://www.sinograin.com.cn/）。中国政府は2009年にさらに1500万トンの中央直属備蓄食糧倉庫建設に着手したので（『中国農業発展報告2010』99頁）、現在の直属備蓄食糧倉庫の数は、もう少し増えている可能性もある。なお、国家糧食局も中国備蓄糧管理総公司も、直属備蓄食糧倉庫の容量の数字を一切公表していない。おそらく、食糧備蓄量のみならず、直属備蓄食糧倉庫の容量も国家機密扱いなのであろう。

2010年末現在、中央備蓄食糧の代理保管資格を有する企業は1673社あり、代理保管資格を有する食糧倉庫の容量は合計で8922.1万トンに達する（『中国糧食発展報告2011』77頁）。中国備蓄食糧管理総公司は、直属備蓄食糧倉庫および代理保管企業の倉庫を利用して、中央備蓄食糧の買付・保管、および2004年に導入された最低買付価格政策ならびに2007年に導入された臨時買付保管（「臨時収儲」）政策による食糧の買付・保管を、一手に行っている（以下では、以上三つの政策的買付食糧を合わせて「備蓄食糧等」と総称する）[84]。なお、備蓄食糧等の買付に必要な資金は、規定により中国農業発展銀行から貸し付けられ、利子は中央財政から補填される。また、これらの食糧の買付費用、保管費用、検査費用、（代理保管倉庫の）管理費用等は、すべて規定により中央財政から支払われる。備蓄食糧等が古くなり減価処分する場合の費用も、すべて中央財政から支払われる。なお、代理保管倉庫の管理は、（少なくとも規則上は）きわめて厳格であり、直属備蓄食糧倉庫の職員等が常駐管理することになっている[85]。

[84] 2010年から、中国備蓄食糧管理総公司の委託を受けた、中糧集団および中国華糧物流集団（世界銀行借款を利用して建設した埠頭や船舶、貨車、倉庫などの食糧物流施設を母体として2005年に設立された企業集団）の所属企業も、最低買付価格による買付に直接参入できることになった（『中国糧食年鑑2011』418頁）。中糧集団と中国華糧物流集団は、いずれも非常に力のある中央国有企業である。中糧集団が保有する中央備蓄食糧代理保管資格のある倉庫の容量は150万トンであり、元の国内貿易部系統の企業で、現在は中糧集団の子会社である中穀糧油集団が保有する同資格のある倉庫の容量は300万トンである。中国華糧物流集団が保有する同資格のある倉庫の容量に至っては432.8万トンもある（いずれの数字も各社のホームページによる）。そのため、中糧集団および中国華糧物流集団の参入により、最低買付価格による食糧買付が競争的に行われるようになるという中国国内の報道も散見される。たしかに、中国備蓄食糧管理総公司と、中糧集団および中国華糧物流集団との力関係によっては、中央政府の政策伝達が混乱する可能性があることは否定できないが、食糧を販売する農家にとっては、最低買付価格で売ることができれば、買い手が誰であろうと関係ないので、とくに影響はないであろう。
　なお、食糧最低買付価格制度が導入されたときから、省級の地方食糧備蓄公司もこの買付に参加してよいことになっているが、こうして買い付けられた食糧は地方備蓄にまわること、必要な費用は食糧リスク基金から支出されることなど、扱いは異なる。

[85]「劉新江副総経理在総公司倉儲工作会議上的講話」（中国儲備糧管理総公司ホームページhttp://www.sinograin.com.cn/　2011年8月8日付け記事）。

第7章　間接統制システムの完成と農業保護の強化

　なお、直属備蓄食糧倉庫もしくは中国備蓄食糧管理総公司の委託を受けて買付を行う代理保管企業による備蓄食糧等の買付は、一般に農家まで出向いて行うのではなく、倉庫まで持ち込まれた食糧を買い付ける。そのため、個々の販売量の少ない農家が、わざわざ高い取引費用をかけて備蓄倉庫まで食糧を持ち込むケースは少なく、大部分の食糧は産地の仲買人（「経紀人」）を通じて買い付けられる[86]。中国備蓄食糧管理総公司は、こうした農村仲買人に対して短期研修を実施するなどして、積極的に連携を図っている。2008年頃のデータでは、中国備蓄食糧管理総公司と取引関係のある農村仲買人の数は1.8万人前後に達した（中国糧食経済学会・中国糧食行業協会編著［2009: 255-256］）。食糧流通の規制緩和と農村における仲買人等の流通主体の発展が、備蓄食糧等の安定的、効率的な買付を可能にしたのであり、市場経済の発展こそが間接コントロールの前提条件であることを物語っている。

　他方、備蓄食糧等の販売は、一般に全国各地の食糧卸売市場において競売方式で行われている。2001年頃はまだ現物での取引もあったが、その後は商流と物流の分離が進んでいる。2006年には、安徽食糧卸売市場を中心市場として、全国各省の有力な食糧卸売市場をインターネットで結ぶ、食糧の全国統一電子競売取引システムが完成された。このシステムに参加する各省の食糧卸売市場は、国家糧食局の審査を受けて国家食糧取引センター（「国家糧食交易中心」）として認定される。2010年末現在、国家食糧取引センターは全国に22カ所ある（2011年末には25カ所に増加）。中央政府が放出する備蓄食糧等を買い付けたい食糧流通企業や食糧加工企業などは、登録のうえ、各地の国家食糧取引センター内の取引場のコンピューターから、あるいは自社のコンピューターから直接、取引に参加することができる。このシステムを利用した備蓄食糧等の取引量は、2007年4310万トン、2008年4209万トン、2009年6550万トン、2010年8133万トンと順調に増加している（『中国糧食年鑑2008～2011』、聶［2012］）。少なくとも2009年以降は、備蓄食糧等の放出量の全量が、全国統一電子競売取引システムを通じて販売されている。食糧卸売市場と情報処理システムの発展により、備

86）食糧買付自由化後の産地仲買人の活躍に関する優れた実証研究に張［2010］がある。

157

蓄食糧等を利用した食糧需給および価格のコントロールが、1990年代に比べてはるかに高度かつ効率的に行えるようになったとみてよい。

なお、中国政府が中央食糧備蓄制度および最低買付価格制度、臨時買付保管制度の運用にどれだけの財政支出を行っているかは公表されていない。最低買付価格政策の実施にともなう、中国備蓄食糧管理総公司に対する補助金（この補助基準は備蓄食糧および臨時買付保管食糧にも共通だと思われる）は、買付費用補塡が1トン当たり50元である。保管費用補塡は2010年まで1トン当たり1年間に70元であったが、2011年より100元に引き上げられている（『中国糧食年鑑2011』404頁、聶［2012］）。保管費用補塡は、在庫量（備蓄量）によって変動するが、現状では毎年少なくとも100億元以上、場合によっては200億元程度必要かもしれない[87]。このほかに、主な補助金項目として買付資金借入利子補塡や逆ざや補塡などが考えられる。買付資金借入利子補塡は、いうまでもなく食糧買付量と買付価格、金利により変動するが、100億元を超える年も少なくないと考えられる。逆ざや補塡は、逆ざやが発生しなければ必要ない支出である。2008年以降の食糧市場価格は、比較的安定的に上昇を続けていることから、最近では政府が政策的に買い付けた食糧が結果的に「順ざや」販売できている可能性が高い。データが手に入る2006～2009年のすべての年次において、中国備蓄食糧管理総公司が大きな利潤をあげていること（後掲表7-11参照）も、そのことを傍証している。

全国財政支出（中央財政支出と地方財政支出の合計）の農産物備蓄（地方備蓄を含む）費用・利子等支出は、2010年において1162.7億元（うち中央財政支出576.2億元）であり、2011年には1270億元であった[88]。この支出は、食糧のほ

---

[87] 聶［2010］によれば、2009年3月末現在の、全国の国有食糧企業の食糧在庫は2億2540万トン（原糧）である。他方、聶［2009］によれば、時期は明示されていないが、おそらく2008年末頃の国有食糧企業の在庫のうち、備蓄食糧等の政策的買付食糧（地方備蓄食糧を含む）の割合は80％前後である。2008年末から2009年3月末は、近年ではとくに国有食糧企業の在庫量が多い時期であり、在庫に占める政策的買付食糧の割合が高い時期だとは思うが、近年の備蓄食糧等が少なくとも1億トンを超えることはほぼ間違いないであろう。

かに油糧作物・植物油などの備蓄費用・利子等支出を含むが、農産物としての重要度から判断して、大部分を食糧に関する支出だと理解しても大過ないであろう。非常に大きな金額であるが、それでも2010年の国家（全国）財政支出総額の約9兆元、同じく2011年の約10.9兆元に対しては、1％余りを占めるにすぎない。1989〜1991年の国営食糧部門に対する財政補填は毎年400億元を超え（平均で年450億元）、当時の国家財政支出総額に占める割合は15％前後に達した。20年間の物価上昇を考慮すると、当時の450億元はほぼ現在の1100億元に相当するから、紆余曲折を経ても結局、食糧管理制度の運営にかかる費用はあまり変わらないが、国家財政規模が20年間に実質12倍程度に膨れあがっているので、比率でみると大きく低下する。中央備蓄食糧制度およびそれに連動した最低買付価格制度、臨時買付保管制度の運用には、巨額の財政費用が必要であるが、現在の中国の財政力からすると、それほど大きな負担ではないといってよい。

第3節　食糧買付の自由化と最低買付価格制度の導入

1．主要消費地における食糧買付の自由化

　国務院は2001年7月に「食糧流通体制改革の一層の深化に関する意見」（国務院［2001］）を通達し、「改革開放」後三回目にして最後の食糧買付自由化改革に着手した。「意見」は、以下の七つの項目から構成されている。
　1．食糧主要消費地における食糧買付販売市場化改革の推進の加速
　2．国家食糧備蓄システムの改善および食糧マクロコントロール能力の強化
　3．食糧リスク基金の請負方法の改善および省長責任制の真剣な実行
　4．食糧主産地における農民の余剰食糧の保護価格による無制限買付の堅持
　5．食糧市場システムの積極的な育成および食糧市場管理の強化

88）2010年は財政部ホームページ（http://www.mof.gov.cn）の「財政支持"三農"情況」による。2011年は財政部「関於2011年中央和地方預算執行情況与2012年中央和地方預算草案的報告」（新華社2012年3月16日電）による。

6. 国有食糧買付販売企業改革のテンポの加速
7. 指導の適切な強化による食糧流通体制改革の順調な進行の保証

　第一の項目において、食糧主要消費地の8省・直轄市（北京、天津、江蘇[89]、上海、浙江、福建、広東、海南）において食糧買付と価格を自由化すると述べている。しかも、この政策は、食糧主産地と食糧主要消費地がそれぞれの比較優位を発揮し、食糧主要消費地の農業生産構造調整（作物構成の調整の意味）を加速し、食糧主産地の食糧販売のために市場空間を空けるうえで有利だとされている。食糧主要消費地には、江蘇、浙江、広東など伝統的な米の主産地も含まれているが、これらの省では食糧買付自由化により米の保護価格買付は実施されないことになる。その結果、仮に米価が下落して生産量が減ってもかまわない。むしろ、この地区の農村では比較優位のある野菜などの生産を増やすべきであり、そのことによって内陸の主産地の米の販路が増えれば一石二鳥だということである。

　都市部における食糧の卸売と小売は1992～1993年の市場化改革によって自由化されていたから、食糧買付の自由化によって主要消費地の食糧流通は完全に自由化されたことになる。そのため、「意見」は流通自由化後の、食糧主要消費地における食糧供給と価格の安定に大きな注意を払っており、それが第二項目の「国家食糧備蓄システムの改善および食糧マクロコントロール能力の強化」という方針につながる。このなかで、中国政府は中央食糧備蓄の規模を7500万トンまで拡大するとしており、主要消費地の省級食糧備蓄は6カ月分の食糧販売量を確保することとしている[90]。米麦等の食糧は最も重要な賃金財であり、農業政策の基調が農業保護に変わっても、消費者に対する食糧の安定供給の重要性はなくならない。食糧供給と価格の安定を担保する物的基礎が食糧備蓄制度にほかならない。

---

89) 江蘇省は、通常は食糧主産省に分類される。
90) 国務院が、地方備蓄食糧の規模について、主要消費地は6カ月分以上の販売量、主産地は3カ月分以上の販売量とすることを、最初に定めたのは1995年のことである（『中国農業年鑑1996』157-158頁）。

第7章　間接統制システムの完成と農業保護の強化

　「意見」の第一項目には東南沿海部の食糧生産を減らしてもよいという含意が含まれているから、国全体の食糧安全保障を確保するためには、内陸の主産地の食糧生産を増やす（あるいは少なくとも絶対に減らさない）措置が、「意見」のほかの部分に含まれていなければ、政策としての整合性がとれない。それが第四項目の主産地における保護価格買付の継続につながるわけであり、第三項目の「食糧リスク基金の請負方法の改善および省長責任制の真剣な実行」につながる。ここで、食糧リスク基金の請負方法の改善というのは、具体的には中央財政による主産地の食糧リスク基金に対する補助金を増やすということにほかならない。

　最後に、食糧買付の自由化により、国有食糧企業は民間食糧流通業者や食糧加工企業等と同じ土俵のうえで競争しなければならなくなる。国有食糧企業は1990年代前半に大幅に職員数を増やしており[91]、1990年代後半には保護価格買付の全面的な実施により、国の政策と補助金に対する依存を強めていた。中央備蓄食糧は、中国備蓄食糧管理総公司の成立により一般の地方国有食糧企業の手を離れているから（一定の手数料を取って備蓄食糧を代理買付、代理保管することはある）、保護価格買付制度が廃止された後の地方国有食糧企業は、徹底的なリストラを進めるとともに、民間業者にない信用や資金力、倉庫等の資産を活用して、競争に打ち勝っていかなければ、企業として生き残ることはできない。これこそが、第五項目および第六項目の内容にほかならない。第五項目には、国有食糧流通企業や国有食糧加工企業（精米企業、製粉企業等）による食糧契約栽培（農家と契約を結んで良質米等の食糧を買い付けること）や、国有食糧流通企業による省を越えた食糧買付や販売（消費地の食糧企業が主産地で食糧を買い付けることや、主産地の食糧企業が消費地で精米や小麦粉を直接販売すること）を奨励するといった記述もあり、1998年頃の政策からは想像もできない変化である。

　このように、2001年の「食糧流通体制改革の一層の深化に関する意見」は、

---

[91] 国有食糧系統の職員は、1991年から1994年の間に300万人余りから500万人余りに増えた（陳・趙・羅［2008: 92］）。

多方面の政策課題に配慮した、非常に整合的な内容を有している。また、「意見」は明らかに1999年以降の政策の延長線上にあり、市場化改革の方向に最後の一歩を踏み出したといってよい内容を有する。「意見」に提示された諸政策は、主産地において保護価格買付を継続するという一点を除けば、ほとんど現在の食糧政策に通じる。なお、各地区の比較優位に基づく農業生産構造調整という方針に関していえば、前掲表2-7から明らかなように、1990年代後半にいったん全国に占める比重の下がった主産地の食糧生産は、2000年以降急速にその比重を高めている。また、これとは逆に、主要消費地の食糧生産の比重は、2000年以降低下のテンポを速めている。

2. 主産地における食糧買付の自由化と最低買付価格制度の導入

2001年の「意見」の第四項目には、主産地と主要消費地以外の、食糧の生産と消費がほぼ均衡する省・自治区では、省級政府が自分で食糧流通政策を決定してよいという規定がある。この規定を受けて、青海、広西、重慶、雲南の4省・自治区・直轄市では、2002年から食糧買付と価格を自由化した(『中国農業年鑑2003』97頁)。また、貴州、安徽、湖南、湖北、内モンゴル、新疆の6省・自治区では、同じく2003年から食糧買付と価格を自由化した(『中国糧食発展報告2004』)。もっとも、このうちの安徽、湖南、湖北、内モンゴルは食糧主産地であり、2001年に自由化した江蘇省も通常食糧主産地に分類されるから、食糧主産地についても、多分に各省の自主性が尊重されていることが分かる。

このような過程を経て、2004年5月に通達された国務院「食糧流通体制改革の一層の深化に関する意見」(国務院［2004a］)は、全国のすべての地区において食糧買付と価格を自由化すると宣言した。この結果、すでに2003年までに食糧買付が自由化されていた上述の18省・自治区・直轄市を含む、全国すべての省・自治区・直轄市において食糧買付が完全に自由化された(なおチベットは元々統一買付制度や契約買付制度を導入しておらず、本書の一連の分析の対象外)。「改革開放」以来四半世紀、1985年の統一買付制度の廃止から数えても20年近い年月をかけて、ようやく食糧流通の市場化改革が完成されたのである。

2004年の「意見」は、このときの食糧流通体制改革の全体目標を以下の五つ

に整理している（国務院［2004a: 419］）。

　　1. 国のマクロコントロールの下で、食糧資源配分における市場メカニズムの基礎的作用を充分に発揮させ、食糧買付販売の市場化と市場主体の多元化を実現する。

　　2. 食糧生産農民に対する直接補助金メカニズムを確立し、食糧主産地および食糧生産農民の利益を保護し、食糧総合生産能力の建設を強化する。

　　3. 国有食糧買付販売企業の改革を深化し、経営メカニズムを適切に転換し、国有食糧買付販売企業の主ルート機能を発揮する。

　　4. 食糧市場管理を強化し、食糧の正常な流通秩序を守る。

　　5. 食糧政策の省長責任制を強化し、完全に社会主義市場経済発展の要求に適応し、中国の国情に符合した食糧流通体制を確立し、国の食糧安全保障を確保する。

　以上の内容から明らかなように、現在に至る、このときの食糧流通体制改革の政策理念は、市場メカニズムを前提にした間接コントロールである。そして、保護価格買付に代わる農民保護措置として導入されたのは（市場を歪曲することのない）食糧直接補助金制度である。このように、基本とされるのは、あくまでも市場流通であり、したがって国有食糧企業は徹底的な企業改革を求められる。そして、そのうえで、民間業者との競争に勝ち残り、主ルート機能を発揮してほしい（引き続き国有食糧企業が主要な流通ルートであってほしい）というのが国の希望である。

　「意見」は、食糧の買付価格（生産者価格）は、一般的な状況下では市場需給関係によって決定されるとしており、最低買付価格（「最低収購価」）制度については、「食糧需給に重大な変化が発生したときに、市場供給を保証し、農民の利益を保護するために、必要なときには国務院が、不足する重点食糧品目について、食糧主産地における最低買付価格の実行を決定する」としているだけで、その扱いは意外なほど小さい。朱［2008: 30］によれば、最低買付価格制度の導入は2004年に突然決まったようであり、かつ財政部は当初この制度の導入に反対していた[92]。財政部の反対の理由は、一つには市場化改革の方向に

合わない(市場を歪曲する)ということにあり、もう一つにはかつての保護価格による無制限買付(のような非効率な政策)に戻ってしまうということにあった。財政部は結局、共産党中央の最低買付価格制度導入の方針に同意したものの、今度は農家に対する直接補助金制度と最低買付価格制度を一本化する(固定的な直接補助金と市場価格の変動に応じた差額支払いを組み合わせる)ことを提言した(朱［2008: 32-36］)[93]。ただし、その後の政策展開をみる限り、この提言が党中央に受け入れられることはなかった。

　最低買付価格政策は、中国備蓄食糧管理総公司によって実施され、買い付けられた食糧は中央備蓄食糧と同じように管理運用される。すなわち、中国備蓄食糧管理総公司は、ルーチンとしての備蓄食糧の更新(買入・放出)業務[94]を行う以外に、市場価格があらかじめ定めた水準より低下した場合には、最低買付価格による無制限買付を行うことで、生産者価格を下支えする。最低買付価格政策の対象となる食糧品目は当初米だけであり、2006年に小麦が付け加えられたが、トウモロコシと大豆は対象となっていない。最低買付価格政策は、(1)あらかじめ播種前の早い時期に買付価格を公表しておき、(2)収穫期前に、具体的な買付実施地区と買付期間を公表するという、二段階の段取りを踏んで実施される。たとえば、2012年の小麦(前年の秋に播種される冬小麦)の最低買付価格は2011年9月5日に、同じく米の最低買付価格は2012年2月2日に公表されており、農家はその価格をみてから作付面積を決めることができる(ただし政策が導入された当初は価格決定の時期がもう少し遅く、播種後に公表されることもあった)。

　また、最低買付価格政策を実施するのは各食糧品目の主産地に限られており、

---

92) 原文の表現は「対糧食最低収購価政策、我們開始有些不同看法」である。異なった見方があったというのは、要するに反対ということである。

93) 朱［2008: 32-36］に書かれた提言が、どの程度公式的なものであるかは分からない。しかしながら、財政部の食糧財政担当副部長名による著書のなかで、非常に具体的な政策提言が書かれているのであるから、個人的な思いつきということはあり得ない。

94) 中央備蓄食糧管理条例(国務院［2003］)によれば、中央備蓄食糧は毎年備蓄量の20～30％を更新することになっている。7500万トンの20～30％は1500～2250万トンである。

第7章　間接統制システムの完成と農業保護の強化

インディカ早稲については当初、安徽、江西、湖北、湖南の4省のみが対象で、2008年から広西チワン族自治区が加えられた（現在5省・自治区で実施）。インディカ中晩稲については当初、安徽、江西、湖北、湖南、四川の5省のみが対象で、2008年から江蘇、河南、広西の3省・自治区が加えられた（現在8省・自治区で実施）。ジャポニカ稲については当初、吉林省と黒龍江省だけで実施され、2008年から遼寧省も対象に加えられた（現在3省で実施）。小麦については、2006年から現在まで一貫して、河北、江蘇、安徽、山東、河南、湖北の6省において実施されている。

1990年代から2000年代初頭にかけて実施された保護価格買付は、中央政府の政策でありながら、実際に買付を行うのは地方の国有食糧企業であり、政策実施に必要な費用の負担は、大部分地方政府（とくに大半の買付を行う主産地の地方政府）に押しつけられた。保護価格買付をまじめに行えば行うほど財政支出の増える地方政府は、当然この政策の実施に消極的であり、最後まで中央政府の期待する政策効果を上げることはできなかった。それに対して、最低買付価格政策は、中央政府が中国備蓄食糧管理総公司を使って、自ら直接実施し、政策実施に必要な費用もすべて中央財政が負担するので、政策の実効性が高い。最低買付価格制度（米と小麦）および後述する臨時買付保管制度（主にトウモロコシと大豆）の導入により、主産地の食糧生産農家は販売価格の下落を心配する必要がなくなった。2004年から2011年まで、食糧増産が8年連続した（前掲図2-2、表2-1参照）最大の理由は、こうした実効的な価格コントロールシステムの完成にあると考えられる。

なお、国務院は、2004年5月に「意見」を通知するのとほぼ同時に、「食糧流通管理条例」（「糧食流通管理条例」）（国務院［2004b］）を公布・施行している。この「条例」は「意見」の実施を法律的に裏付けるものであるが、この「条例」の公布と同時に1998年の「食糧買付条例」と「食糧買付販売違法行為処罰方法」は廃止されている。「食糧買付条例」は国の直接統制色が濃く、1999年以降、加速度的に実際の政策との乖離を強めていたから、その廃止は当然であり、遅すぎたくらいである。

第 4 節　価格安定政策から価格支持政策へ

表 7-2 は、水稲と小麦の最低買付価格と買付量の推移を示したものである。最低買付価格は（ジャポニカ稲を除いて）2007年度まで固定されていたが、2008年度以降は毎年大幅に引き上げられている。とくに、2008年度については、いったん 2 月に公表した価格を、3 月に再び引き上げる措置が取られている。

中国政府はさらに、最低買付価格政策の対象となっていないトウモロコシ（対象地域は東北三省と内モンゴル自治区のみ）について2007年度から、同じく大豆（対象地域はトウモロコシと同じ）について2008年度から、臨時買付保管（「臨時収儲」）政策を導入した。また、最低買付価格政策の対象地域外である新疆ウイグル自治区の小麦についても、2009年度から臨時買付保管政策を導入した。2008年度には、最低買付価格政策の対象であるインディカ中晩稲とジャポニカ稲についても、最低買付価格よりはるかに高い価格（インディカ中晩稲 1 キロ当たり1.88元、ジャポニカ稲 1 キロ当たり1.84〜1.88元）での臨時買付保管政策が実施された。

臨時買付保管政策というのは、毎年実施される備蓄食糧更新のための買付とは別に、需給がだぶつき、価格の低迷や農家の販売難が生じている食糧品目について、臨時的に市場価格より若干高い価格による大量買付を行うものである。臨時買付保管政策によって買い付けられた食糧は、臨時保管食糧（「臨時存儲糧食」）と呼ばれ、中央備蓄食糧（「中央儲備糧食」）とは概念的に区別されるが、政策の実施機関はともに中央備蓄食糧管理総公司であり、事実上一体的な運用がなされている。2010年度までの実績を整理すると、米を対象に臨時買付保管政策が実施されたのは2008年度だけであるが[95]、トウモロコシについては2007〜2009、大豆は2008〜2010、新疆自治区の小麦は2009〜2010の各年度についてこの政策が実施されている。

---

95) 厳密にいえば、当時まだ最低買付価格政策の対象外であった2007年産の遼寧省産ジャポニカ稲について、臨時買付保管政策が発動されたことがあるが（買付量は籾で0.5万トン）、遼寧省産ジャポニカ稲は翌2008年産から、最低買付価格政策の対象に加えられた。

第7章　間接統制システムの完成と農業保護の強化

表7-2　食糧最低買付価格と買付実績

(単位：元/kg、原糧万トン)

年度 (年.月)	最低買付価格					買付量			
	インディカ稲		ジャポニカ稲	白小麦	紅小麦混合麦	インディカ稲		ジャポニカ稲	小麦
	早稲	中晩稲				早稲	中晩稲		
2004	1.40	1.44	1.50			未実施	未実施	未実施	
2005	1.40	1.44	1.50			457	795	未実施	
2006	1.40	1.44	1.50	1.44	1.38	363	475	未実施	4069
2007	1.40	1.44	1.50	1.44	1.38	未実施	未実施		2895
(2008.3)			1.54					210	
2008.2	1.50	1.52	1.58	1.50	1.40				
2008.3	1.54	1.58	1.64	1.54	1.44	未実施	未実施	未実施	4174
2008.10		1.88	1.84				1435		
2009	1.80	1.84	1.90	1.74	1.66	275	570	未実施	3985
2010	1.86	1.94	2.10	1.80	1.72	未実施	未実施	未実施	2311
2011	2.04	2.14	2.56	1.90	1.86	未実施	未実施	未実施	未実施
2012	2.40	2.50	2.80	2.04	2.04				

注1）すべて国家標準三等の価格。
　2）早稲は二期作米地帯における一期目の米を指す。中晩稲は二期作における二期目の米もしくは一期作の米を指す。米の買付価格および買付量はすべて籾ベース。
　3）2007年産のジャポニカ稲の最低買付価格は3月21日に1.54元に引き上げられるとともに、買付期限は3月31日から4月30日まで延長された。
　4）2008年度の買付価格は、2月にいったん公表されたが、3月に修正された。
　5）2008年10月の買付価格は臨時買付保管価格。ジャポニカ稲は黒龍江省の価格。吉林省は1.86元、遼寧省は1.88元。買付量はインディカ中晩稲とジャポニカ稲の合計。
出所：『中国糧食発展報告（各年版）』、『中国糧食年鑑（各年版）』、鄭州糧食批発市場ホームページ（2008年10月価格）、国家糧食局ホームページ（2012年価格）より筆者作成。

　最低買付価格による買付は、市場価格があらかじめ決められた最低買付価格より高いときには発動されないため、必ずしも毎年実施されるわけではない。2011年度までの実績をみると、インディカ稲について買付が実施されたのは、制度発足後の8年間のうち3年だけ、ジャポニカ稲は1年だけである。ただし、上述したように2008年度にはインディカ中晩稲とジャポニカ稲について、臨時買付保管が行われている（買付量は合わせて1435万トン）。他方、小麦の最低買付価格による買付は、制度が導入された2006年度から2010年度まで5年連続で実施されたが、2011年度には市場価格の高騰により初めて実施されなかった。
　図7-1～図7-4は、それぞれインディカ早稲、ジャポニカ稲、小麦、トウ

図7-1 インディカ早稲の主産地農家販売価格と政策価格

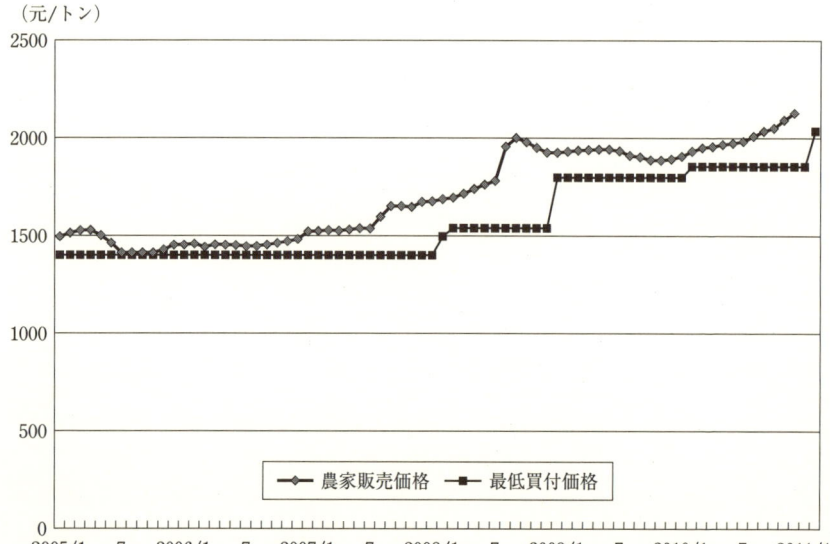

出所：農家販売価格は『中国糧食年鑑（各年版）』の巻末データ（原資料は国家発展改革委員会統計資料）。最低買付価格は表7-2。

モロコシの、主産地農家の販売価格（月次）と、政策価格（最低買付価格または臨時買付保管の価格）を比較したものである。臨時買付保管の価格は買付直前に公表されるが、最低買付価格は一般に買付開始の数カ月前に公表される。図7-1〜図7-3では、最低買付価格の引き上げを、実際の買付開始時点ではなく、価格が公表された時点を基点として描いている。なぜなら、第一に将来の政策価格を引き上げることが公表された時点の市場価格（農家の販売価格）が、公表された政策価格より低ければ、農家は売り惜しみをするので、市場価格は必ず将来の政策価格にさや寄せしていく。また、第二に政策価格引き上げ公表時の市場価格が、公表された政策価格より高いケースでも、流通業者は将来の市況に対する先高感や底値に関する安心感を持つので、市場価格は上がりやすく（下がりにくく）なる。つまり、いずれのケースについても、将来の政策価格の公表は、ただちに公表時点の市場価格に影響を与えると考えられるからである。

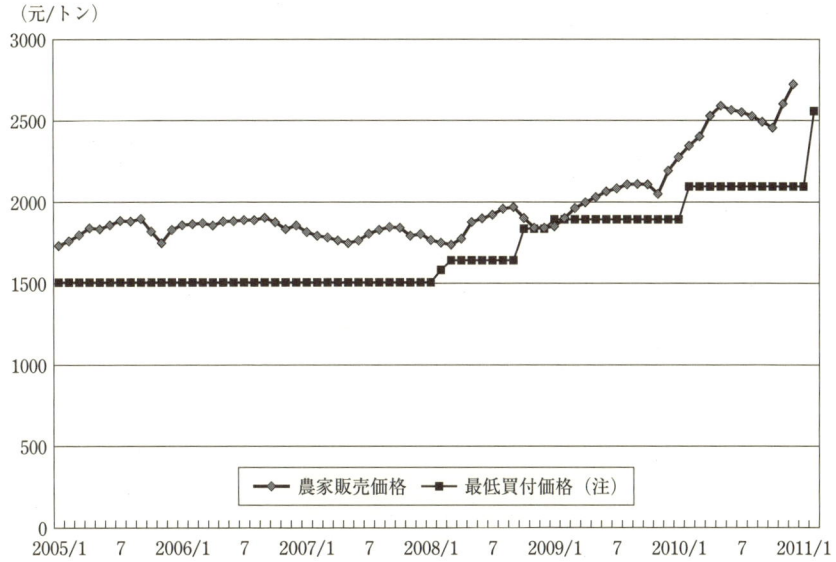

第7章　間接統制システムの完成と農業保護の強化

図7-2　ジャポニカ稲の主産地農家販売価格と政策価格

注）2008年10〜12月の価格は、2008年産ジャポニカ稲の臨時買付保管の価格（黒龍江省）。臨時買付保管は、価格の公表後ただちに買付が始まる。
出所：臨時買付保管の価格は中国鄭州糧食批発市場［2009］、ほかは図7-1と同じ。

　トウモロコシの農家販売価格（市場価格）は、2008年出来秋以降の一時的な価格暴落を除いて、ほぼ一貫して上昇している。また、米と小麦の農家販売価格は、2007年頃まで安定（停滞）していたが、2008年以降急速に上昇している。2005年1月と2010年12月の農家販売価格を比較すると、価格上昇率が最も大きいのはトウモロコシの1.63倍であり、次いでジャポニカ稲1.58倍、インディカ早稲1.43倍、小麦1.32倍となる（同じ資料によればインディカ中稲は1.37倍、インディカ晩稲は1.55倍）。

　図7-1〜図7-3の農家販売価格と政策価格との相対関係を、表7-2の買付実績と比較すると、当然といえば当然であるが、政策的買付が発動された時期の二つの価格が接近していることが分かる。臨時保管トウモロコシの正確な買付量は不明（資料によって数字がまちまち）であるが、おそらく2007年度（食糧年度）の買付量が460万トン、2008年度が3574万トン、2009年度は数百万トン

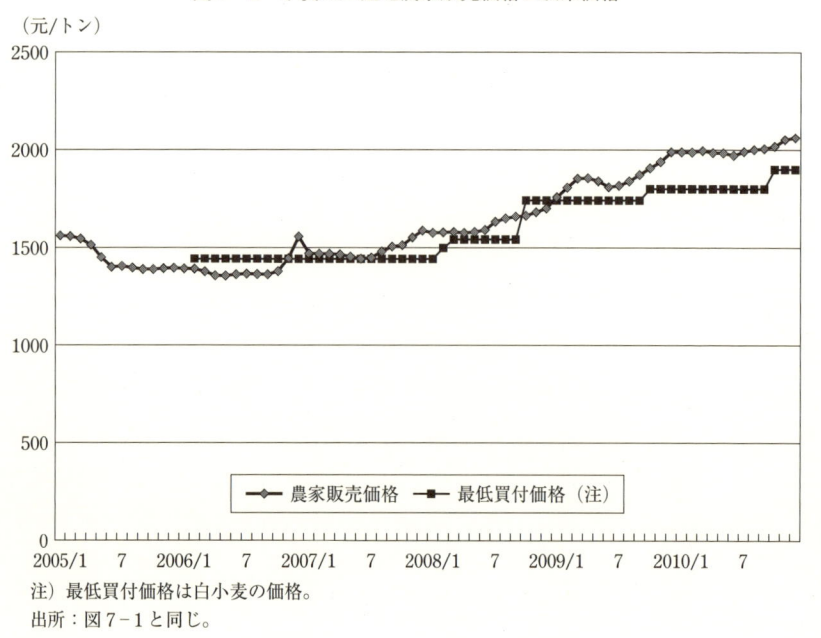

図7-3　小麦の主産地農家販売価格と政策価格

注）最低買付価格は白小麦の価格。
出所：図7-1と同じ。

（いずれも中央備蓄用買付を含む）で、2010年度は買付実績がなかったと思われる。これらの臨時保管トウモロコシの買付数量を図7-4の価格関係と比較しても、米や小麦と同様の事実を指摘できる。

図7-1～図7-4にみられる三大穀物の市場価格の上昇に、政府の最低買付価格および臨時買付保管価格の継続的かつ大幅な引き上げが関係していることは間違いない。ただし、その結果として、とくに小麦において、中国備蓄食糧管理総公司の政策的買付量が増大している。

表7-3は、米（精米）と小麦、トウモロコシについて、社会各種食糧企業（「社会各類糧食企業」）買付量、国有食糧企業買付量および国有食糧企業の政策的買付量をみたものである。ここでの買付量は、いずれも農家からの買付量（仲買人経由を含む）を意味する。社会各種食糧企業は、国有食糧流通企業、重点非国有食糧流通企業のほかに重点食糧加工企業（「重点転化用糧企業」）を

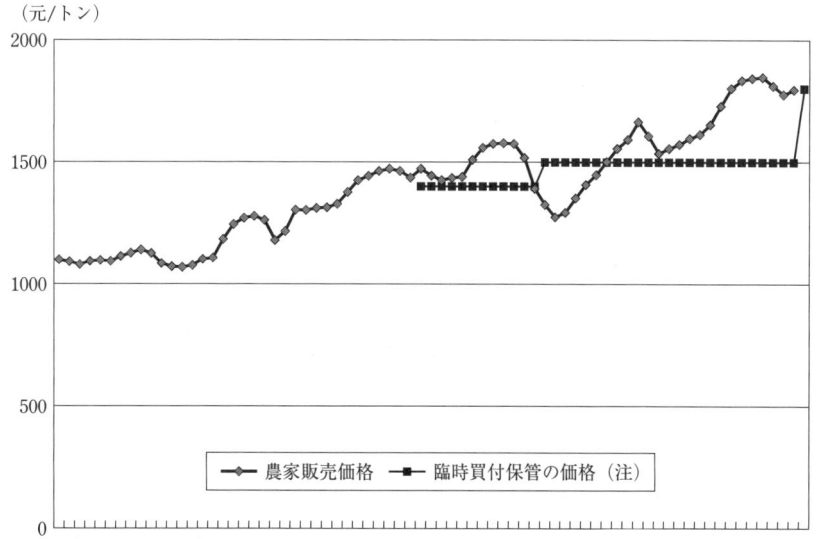

第7章　間接統制システムの完成と農業保護の強化

図7-4　トウモロコシの農家販売価格と政策価格

注1）2007年12月に2007年産のトウモロコシについて臨時買付保管を実施することが公表された。同様に2008年12月に公表されたのは2008年産の買付価格。2009年産の価格は据え置き。
2）図示したのは吉林省の買付価格。遼寧省・内モンゴル自治区の価格は1トン当たり20元高く、黒龍江省の価格は1トン当たり20元安い。
出所：農家販売価格は図7-1と同じ。臨時買付保管の価格は『中国糧食発展報告（各年版）』、『中国糧食年鑑（各年版）』。

含む（小規模な農村仲買人は含まない）。この場合の食糧加工企業は、飼料企業、酒造企業、アルコール製造企業、でん粉製造企業、食品醸造（醤油、味噌等）企業などのほか、直接飼料用のトウモロコシ等を購入する畜産企業（大規模養豚業など）を含む。「重点企業」とは、要するに政府の食糧部門に食糧の買付販売量、在庫量等を報告する義務[96]のある企業を指すが、国全体の社会各種食糧企業買付量の数字と食糧商品化量（「糧食商品量」）の数字がほとんど一致することから、「重点企業」が網羅する範囲はかなり広いと思われる[97]。

[96] 食糧買付量等の報告義務は2004年の「食糧流通管理条例」において定められた。国家糧食局は、2005年度以降「国家食糧流通統計制度」を定め、流通統計数字の収集に努めている。

次に、国有食糧企業買付量は、中国備蓄食糧管理総公司による政策的買付（地方国有企業等による代理買付を含む）と地方国有企業による営利目的での買付の双方を含むが、基本的に部門業務統計であるから、数字は比較的正確だと思われる。最後に、政策的買付の範囲であるが、最低買付価格による買付と臨時買付保管政策による買付のほか、比較的大量の買い付けが行われた年は中央備蓄食糧の買付も含む[98]。しかしながら、最低買付価格による買付と臨時買付保管政策による買付が実施されず、中央備蓄食糧の更新のみが行われたと考えられる年度（たとえば2007年度や2010年度の米）は、その数字が公表されない（おそらく中央備蓄食糧そのものの数字は国家機密であるため公表できない）ので、実際の政策的買付量は年によっては表示したよりも多いと考えられる。

　表7-3によれば、米とトウモロコシの政策的買付量は年変動が大きいことから、基本的に市場流通が基本であり、前掲図7-1、図7-2、図7-4と照らし合わせてみると、価格下落時に限り政府が買付指示を出していることが分かる。価格の間接コントロールが有効に機能して、市場価格の下落を防いでいると解釈することができる。

　これに対して、小麦の状況はやや異なり、最低買付価格制度が導入された

---

[97] 『中国糧食発展報告』において、食糧商品化量と社会各種食糧企業買付量の数字がともに掲載されているのは2008～2010年についてのみであるが、2008年については社会各種食糧企業買付量の方が大きく、2009年と2010年については食糧商品化量の方が大きい。食糧商品化量は一般に農家の総販売量を表す概念であるが、ここでの社会各種食糧企業買付量も農家からの買付量を指すと思われる。「重点企業」がすべての企業を網羅しているわけではない以上、社会各種食糧企業買付量が食糧商品化量を上まわることは論理的におかしく、どちらかの数字もしくは両方の数字が誤っていることを示している。現在の中国農村における食糧流通の流れは複雑であり、食糧を買い付ける企業の段階で農家の販売量を捉まえようとしても、統計数字の洩れや二重計算の問題は避けられない。表7-3の社会各種食糧企業買付量および表7-4の食糧商品化量の数字を過信することは慎むべきであり、大ざっぱな傾向を示す程度のものと理解すべきである。

[98] ほかに地方備蓄食糧の買付も含まれるが、地方備蓄の大半を占める主要消費地の備蓄食糧は主産地の国有食糧企業等から買い付けることが多く、農家からの買付量は比較的少ないと考えられる。

第7章　間接統制システムの完成と農業保護の強化

表7-3　国有食糧企業の品目別食糧買付量（2006〜2010年）

(単位：貿易糧万トン、％)

年		生産量 ①	社会買付 ② （②/①）	国有買付 ③ （③/②）	政策的買付 ④ （④/②）	その他 ⑤ （⑤/②）
米（精米）	2006	12720	3595 (28)	2153 (60)	653 (18)	1500 (42)
	2007	13022	3783 (29)	1985 (53)	34 (1)	1951 (52)
	2008	13433	5636 (42)	3605 (64)	1126 (20)	2479 (44)
	2009	13657	4846 (36)	2637 (54)	784 (16)	1853 (38)
	2010	13703	5093 (37)	2136 (42)	0 (0)	2136 (42)
小麦	2006	10847	7765 (72)	6040 (78)	4069 (52)	1971 (25)
	2007	10930	6873 (63)	4733 (69)	2895 (42)	1838 (27)
	2008	11246	9354 (83)	6713 (72)	4174 (45)	2539 (27)
	2009	11512	9596 (83)	6834 (71)	4091 (43)	2743 (29)
	2010	11518	9410 (82)	6178 (66)	2397 (26)	3781 (40)
トウモロコシ	2006	15160	7311 (48)	3425 (47)	0 (0)	3425 (47)
	2007	15230	7978 (52)	3008 (38)	460 (6)	2548 (32)
	2008	16591	10439 (63)	4754 (46)	1517 (15)	3237 (31)
	2009	16397	10658 (65)	4988 (47)	2748 (26)	2240 (21)
	2010	17725	11715 (66)	3334 (29)	44 (0)	3290 (28)

注1）米（精米）の生産量は、籾ベースの生産量に0.7を掛けて求めた。
　2）買付量は暦年。ある年度産の水稲（早稲を除く）およびトウモロコシの買付は、暦年では当該年と翌年にまたがる。
　3）「社会買付」は社会各種食糧企業買付量の略。
出所：『中国糧食発展報告（各年版）』、『中国糧食年鑑（各年版）』、『中国統計年鑑2011』より筆者作成。

2006年から2010年まで毎年コンスタントに大量の政策的買い付けが行われている。小麦の政策価格の引き上げ幅は、明らかに米に比べて小さいが、それでも市場価格に勢いがない（要するに需給バランスが緩い）ので、政府の最低買付価格に農家（実際には仲買人）の販売小麦が集まってしまうのである。先進国では農業保護政策の一環として、しばしば価格安定政策における床価格（floor price）が高めに設定されることで、政府の買入在庫が膨れ上がる事態が発生したが（茌開津［2008: 42-43］）、中国の最低買付価格政策における小麦もこれと全く同じ状況にあるといってよい。最低買付価格政策導入の当初の目的は、価格安定政策にあったと考えられるが、少なくとも小麦については、これが完

全に価格支持政策に転化している。ただし、その小麦も2011年には市場価格が比較的大きく上昇したために、最低買付価格による買付が発動されなかった（聶［2012］）。その理由が、飼料需要や工業原料用需要が旺盛なトウモロコシの価格が小麦を上まわってしまったために、小麦の飼料需要が増えた（飼料原料のトウモロコシから小麦への代替が進んだ）ためというのは、中国政府の想定外の事態であったと思われる。

　表7-3からみてとれる、もう一つの重要な事実は、政策的買付の変動が大きい割に、国有食糧企業のその他買付、つまり地方国有食糧企業による営利目的での買付量が比較的安定しているということである。なかには、小麦の2010年のように政策的買付が減って、その他買付が増える年や、トウモロコシの2009年のように政策的買付が増えて、その他買付が減る年もあるが、米の2008年のように両方の買付が同時に増えるような年もあり、（1990年代の保護価格買付実施時のような）政策的買付の肥大化による地方国有食糧企業の商業的買付の衰退という現象は、あまり明確にはみられない。

　上述したように、2004年以降の最低買付価格政策や臨時買付保管政策の実行主体は中国備蓄食糧管理総公司であるが、この会社の保有する直属備蓄食糧倉庫の容量はたかだか4000万トン程度であり、ほかの中央国有食糧企業の備蓄倉庫を合わせても5000万トン足らずで、国務院〔2001〕の定める中央備蓄食糧の量である7500万トンにも足りない。したがって、実際の最低買付価格政策による買付や臨時買付保管政策による買付は、地方国有食糧企業等に委託して、代理買付、代理保管してもらっているケースが大部分だと思われる。そのため、政策的買付の増大は、（とくに倉庫の容量という点で）これら地方国有食糧企業の営利目的の買付を圧迫してもおかしくないと思われるが、必ずしもそうはなっていないのである。

　じつは、中央備蓄食糧等の代理保管資格は、企業単位で一括して認定されるのではなく、企業の保有する倉庫ごとに細かく認定される（備蓄食糧等と商業在庫との混合を防ぐため）。また、そもそも中小の地方国有食糧企業のなかには、中央備蓄食糧等の代理保管資格を有さない企業も少なくない。こうした制度的な取り決めが、結果的に地方国有食糧企業による商業的買付が一定のシェ

第7章　間接統制システムの完成と農業保護の強化

アを維持することを可能にしているとも考えられる（もちろん買付シェアを維持するためには民間企業との買付競争に勝ち残る必要があるから、こうした制度的取り決めは必要条件にすぎない）。いずれにしろ、ここでは政策的買付と地方国有食糧企業の商業的買付が、それぞれ独立的に運営されていることが確認できればよい。1990年代以来の政策課題であった「備蓄と経営の分離」が、2004年以降ようやく実現したといってよい。

　表7-4は、2003年以降の食糧（全体）生産量、商品化量、国有食糧企業買付量とその内訳を整理したものである。この表にも表7-3と同様な問題があり、中央備蓄食糧の更新買付を考慮すると、2004年の政策的買付がゼロとは考えにくいし、2005年や2011年の政策的買付も実際にはもう少し多かった可能性が高い。ただ、いずれにしろ、この表からは最低買付価格政策や臨時買付保管政策が大々的に実施された2006～2009年においても、国有食糧企業のその他買付（商業的買付）がかなりの量に達したこと、2010年以降政策的買付がほとんど実施されなくなると、ただちにその他買付の数量が回復することなど、農村の食糧流通領域において、一般の国有食糧企業が現在も一定の競争力を保持していることを読み取ることができる。

　最後に、2004年以降の米と小麦の最低買付価格水準の経済学的な意味について考えてみたい。国家糧食局は、食糧の最低買付価格を引き上げる理由として生産費の上昇を指摘しており（『中国糧食発展報告2011』12頁など）、毎年の『中国糧食発展報告』において食糧生産費の詳細な分析を行っている。国家糧食局が用いている統計数字は、国家発展改革委員会価格司の全国抽出調査データであり、このデータは公表されている（『全国農産品成本収益資料彙編（各年版）』）。このデータに基づいて作成したのが表7-5である。利潤は、もちろんその年の粗収益から総費用を減じた残りであるが、期待利潤はその年の最低買付価格から前年の総費用を減じた残りとして定義した。政府が最低買付価格を決める時点では、その年の生産費は不明であり、前年の生産費を参考にして、その年の農家の利潤を想定すると考えられるからである。

　国家糧食局の生産費分析からは、総費用の増大により利潤が減少するので、そうならないように最低買付価格を引き上げなければならない、という考え方

表7-4 食糧商品化量と国有企業買付量

(単位:万トン、%)

年	生産量 (原糧) ①	商品化量		国有食糧企業買付量		同左内訳(貿易糧)			
		(原糧) ②	商品化率 ②/①	(原糧) ③	買付率 ③/②	合計 ④	政策的買付 ⑤	政策的買付率 ⑤/④	その他 ④-⑤
2003	43070	16890	39.2	10562	62.5	9717	4064	41.8	5653
2004	46947	19450	41.4	9695	49.8	8920	0	0.0	8920
2005	48402	22500	46.5	12618	56.1	11494	833	7.2	10661
2006	49804	24950	50.1	13199	52.9	12257	4722	38.5	7535
2007	50160	25410	50.7	11039	43.4	10167	3590	35.3	6577
2008	52871	28530	54.0	17081	59.9	15471	7010	45.3	8461
2009	53082	29748	56.0	16387	55.1	15223	8117	53.3	7106
2010	54641	32147	58.8	13430	41.8	12406	2816	22.7	9590
2011	57121	(34730)	(60.8)	14180	(40.8)	13046	380	2.9	12666

注1) 年は暦年。
 2) ③と④は同じ重量を原糧と貿易糧で示したものである。まず、両方の概念によるデータが手に入る2005~2010年について換算係数を求めると0.92を得られる。この換算係数を用いて、2003~2004年の原糧買付量および2011年の貿易糧買付量を算出した。
 3) 2003年の政策的買付は保護価格買付。
 4) 2011年の商品化量は社会各種食糧企業買付量。
出所:『中国糧食発展報告(各年版)』、『中国糧食年鑑(各年版)』、聶[2012]より筆者作成。

が強く感じられる。実際、石油価格上昇の影響等により2008年(小麦は作期がずれるので、より強く影響を受けるのは2009年)の食糧生産費が大きく上昇すると、中国政府は2009年の最低買付価格を大幅に引き上げることで、同年の期待利潤の低下を防ごうとした。表7-5から、水稲の期待利潤の推移をみると、2007年までは最低買付価格が据え置かれていたので期待利潤は低下する傾向にあったが、2008年以降は最低買付価格の大幅な引き上げにより期待利潤が上昇する傾向にある(農家の実際の利潤は、市場価格の上昇により期待利潤を上まわる年が多い)。小麦の期待利潤の推移は水稲と異なる特徴を有するが、もともと小麦の利潤が比較的大きいこと、および小麦が慢性的な過剰基調にあることなどから、2010年以降の最低買付価格の引き上げが水稲に比べて抑制されていることが関係している。

水稲の場合、2010年以降市場価格(農家の販売価格)が最低買付価格を上ま

表7-5 主産地の食糧生産費と利潤（2004〜2011年）

(単位：元/50kg)

		販売価格（粗収益）	総費用	利潤	最低買付価格	期待利潤
インディカ早稲（湖南省）	2004	70.9	50.4	20.5	70	
	2005	68.5	57.5	11.1	70	19.6
	2006	71.0	58.0	12.9	70	12.5
	2007	76.0	59.0	17.0	70	12.0
	2008	89.7	71.3	18.5	75	16.0
	2009	89.5	74.8	14.7	90	18.7
	2010	97.7	89.4	8.4	93	18.2
	2011				102	12.6
インディカ晩稲（湖南省）	2004	78.2	46.2	32.0	72	
	2005	71.0	56.0	15.0	72	25.8
	2006	76.8	52.6	24.2	72	16.0
	2007	84.5	58.4	26.1	72	19.4
	2008	95.1	67.0	28.1	76	17.6
	2009	94.3	70.8	23.5	92	25.0
	2010	119.5	83.1	36.3	97	26.2
	2011				107	23.9
ジャポニカ稲（黒龍江省）	2004	81.5	45.2	36.4	75	
	2005	82.2	54.5	27.7	75	29.8
	2006	90.6	58.8	31.9	75	20.5
	2007	79.4	61.7	17.7	75	16.2
	2008	90.8	77.4	13.4	79	17.3
	2009	109.1	83.5	25.7	95	17.6
	2010	136.5	90.6	45.8	105	21.5
	2011				128	37.4
小麦（河南省）	2004	73.4	35.8	37.6		
	2005	66.6	50.3	16.3		
	2006	72.1	45.5	26.6	72	21.7
	2007	74.8	48.5	26.3	72	26.5
	2008	81.7	53.0	28.7	75	26.5
	2009	93.3	68.5	24.8	87	34.0
	2010	96.7	74.0	22.7	90	21.5
	2011				95	21.0

注1）2007年および2008年の最低買付価格は最初に公表された価格。
　2）期待利潤＝当該年度の最低買付価格－前年度の総費用。
出所：『全国農産品成本収益彙編2005〜2011』および表7-2の最低買付価格より筆者作成。

わる状況が続いている。価格支持政策の厳密な定義は、政府の介入により農家の販売価格を需給均衡価格以上に引き上げることである。したがって、もしこの市場価格を均衡価格と考えるなら、水稲の最低買付価格政策を価格支持政策とみることはできない。しかしながら、2009年以降の最低買付価格は、前年の市場価格の上昇を大部分カバーするような水準で決定されており、そのことが結果的に市場価格の下落を阻止して、市場価格の継続的な上昇をもたらしている。つまり、現在の中国の食糧市場価格は、政府の価格政策の影響を受けて、需給均衡価格以上の水準まで上昇している可能性を否定できない。2000年代後半以降、三大穀物の期末在庫が徐々に増大していることも（前掲図2-5〜図2-7参照）、そのことを示唆している。

　表7-5は、生産費（総費用）の内訳については触れていない。表7-6は、1ムー当たりの生産費を物財費と労働費、地代に分け、2004年以降の推移をみたものである。この表によれば、2004年以降、生産費に占める物財費の割合は、横ばい（インディカ早稲、インディカ晩稲）か低下（ジャポニカ稲、小麦）しており、労働費の割合はすべての穀物において低下している。唯一、生産費に占める割合が上昇しているのは地代である。地代は、自作地（「自営地」）地代と借地（「流転地」）の支払地代から構成されるが、ジャポニカ稲[99]を例外として、他の三つの作物では大部分が自作地地代である。自作地地代は、その地域の実際の支払地代水準に基づく機会費用として擬制的に計算されるために、見かけ上の地代が上昇していても、実際には農家所得が増えていることにほかならない。同様なことは、家族労働費についてもいえる。中国の農業生産費調査における1日当たりの家族労働費は、その地域の農民（農村就業者）の前年の年間平均所得（非農業所得を含む）を所定の日数（2010年以降は250日）で割って算出する。そのため、農業内外の賃金上昇が続く局面では、1ムー当たりの家族労働費は投入労働時間の減少（労働生産性の上昇）をカバーして増大する可能性が高いが、実際にはこれも農家所得の一部を構成している。

---

99) ジャポニカ稲の主産地のなかでも黒龍江省は例外であり、ほかの省での生産は自作地が中心である。

第7章 間接統制システムの完成と農業保護の強化

表7-6 食糧生産費の内訳と1ムー当たり所得（2004～2010年）

(単位：元/ムー、%)

		粗収益	総費用	物財費	労働費	家族	地代	自作地	所得
インディカ早稲（湖南省）	2004	566	402	202（50.3）	167（41.6）	146	33（8.1）	30	340
	2005	516	433	220（50.8）	181（41.9）	154	32（7.3）	30	267
	2006	563	460	244（52.9）	182（39.5）	159	35（7.5）	33	294
	2007	626	486	270（55.6）	178（36.6）	156	38（7.7）	36	332
	2008	742	589	333（56.5）	194（32.8）	160	63（10.7）	59	372
	2009	722	603	324（53.6）	201（33.3）	164	79（13.1）	74	357
	2010	700	640	336（52.5）	214（33.4）	186	90（14.1）	84	330
インディカ晩稲（湖南省）	2004	669	395	208（52.5）	153（38.7）	136	35（8.7）	31	441
	2005	543	428	234（54.6）	160（37.3）	146	35（8.1）	32	293
	2006	662	454	251（55.4）	167（36.8）	142	35（7.8）	34	384
	2007	687	475	275（57.8）	159（33.5）	145	41（8.6）	39	395
	2008	835	588	334（56.8）	187（31.7）	147	67（11.4）	63	456
	2009	823	618	328（53.1）	202（32.6）	158	88（14.3）	83	446
	2010	972	676	344（50.9）	235（34.8）	174	96（14.2）	90	560
ジャポニカ稲（黒龍江省）	2004	810	449	230（51.3）	126（28.1）	76	93（20.6）	61	497
	2005	808	535	282（52.7）	140（26.2）	75	113（21.1）	62	410
	2006	900	584	249（42.6）	138（23.7）	73	197（33.7）	110	499
	2007	797	620	260（42.0）	152（24.4）	76	208（33.6）	115	369
	2008	935	797	362（45.4）	177（22.2）	87	258（32.4）	142	367
	2009	1072	820	342（41.7）	197（24.0）	91	281（34.3）	152	495
	2010	1343	891	383（43.0）	202（22.7）	80	306（34.3）	129	659
小麦（河南省）	2004	606	296	167（56.4）	89（29.9）	89	40（13.7）	36	434
	2005	493	372	206（55.3）	105（28.2）	105	62（16.5）	62	287
	2006	585	370	216（58.5）	94（25.3）	91	60（16.1）	59	366
	2007	623	404	223（55.1）	94（23.3）	91	88（21.6）	85	395
	2008	715	464	257（55.5）	112（24.0）	111	95（20.5）	91	453
	2009	773	568	311（54.8）	124（21.9）	124	132（23.2）	131	461
	2010	820	628	303（48.2）	158（25.2）	151	167（26.6）	159	503

注1）（ ）内は総費用に占める割合（%）。
 2）労働費＝家族労働費＋雇用労働費。地代＝自作地地代＋支払地代。
 3）所得＝粗収益－総費用＋家族労働費＋自作地地代＝粗収益－物財費－雇用労働費－支払地代。
出所：『全国農産品成本収益彙編2005～2011』より筆者作成。

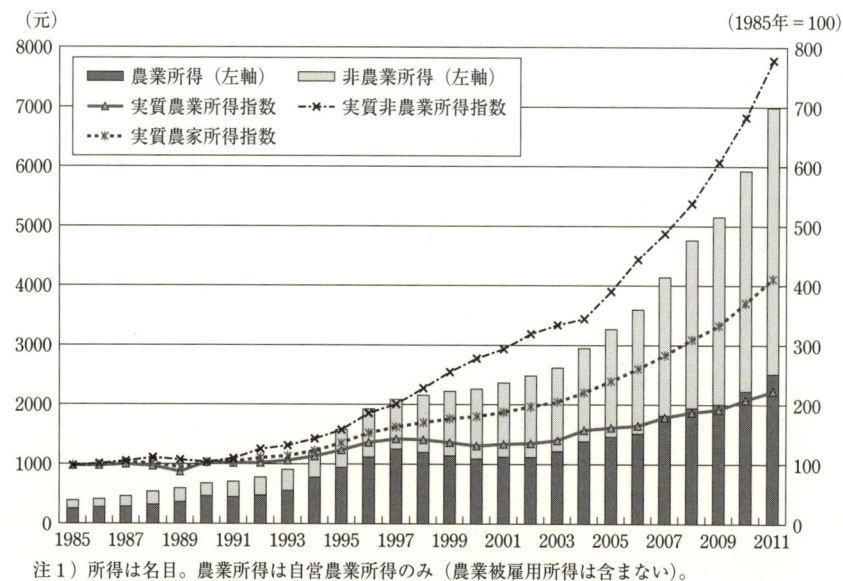

図7-5 農家1人当たり所得の動向

(元) (1985年=100)

注1)所得は名目。農業所得は自営農業所得のみ(農業被雇用所得は含まない)。
　2)実質所得指数は1985年=100。名目所得を農村消費者物価指数でデフレートして求めた。
出所:『中国農村住戸調査年鑑2010』、『中国統計年鑑2011』、『中国統計摘要2012』などより筆者作成。

　2008年以降の食糧最低買付価格水準の決定は、利潤の維持を一つのメルクマールとしているように見受けられるが、現在のように賃金と借入地代の上昇が続く局面では、利潤は増えずとも維持されさえすれば、主に自作地において家族労働を用いて経営する一般の農家の所得は、大きく増えることになる。もちろん、中国政府がそのことを知らないはずがない。2008年以降の食糧最低買付価格政策は、表面的な数字(表7-5の期待利潤)が示す以上に、農民保護的(所得支持的)な性格を有すると思われる。

　図7-5は、1985年以降の農家1人当たり所得を、農業所得とその他所得に分けて、名目額と実質指数の推移をみたものである。また、図7-6は、1978年以降の都市世帯と農家世帯の所得格差をみたものである。二つの図を見比べると、実質農業所得が大きく伸びた年には、ほぼ例外なく都市世帯と農家世帯との所得格差が縮小している。最近では、2004、2007、2008、2010、2011の各年の実質

図7-6 都市世帯と農家世帯の所得格差

注）農家世帯1人当たり所得を1とするときの都市世帯1人当たり可処分所得。
出所：『中国統計年鑑（各年版）』、『中国統計摘要2012』より筆者作成。

農業所得が前年比で5％以上増大しているが、2007年を除くすべての年において、所得格差は縮小している。一般に、農家の非農業所得の伸びは都市世帯の所得の伸びと遜色ない（2005年以降は農家の非農業所得の伸びの方が大きい）ので、しばしば農業所得の増減が格差の動向を規定することになる。今でも農家の農業所得の半分近くは食糧生産から得られているので[100]、食糧価格の安定的な上昇は農業所得の増大にとって、したがって都市世帯との所得格差を縮小するためにも、きわめて重要である。

---

[100] 中共中央政策研究室・農業部農村固定観察点辦公室編［2010: 174-175］から、2009年の農業所得に占める割合を求めると、全国平均の数字で食糧40％、畜産物16％、野菜15％、果物9％となった。

第5節　国有食糧企業と民間食糧企業の棲み分け

　2001年以降、地区をおって順次、産地の食糧流通が自由化されたことで、一般の地方国有食糧企業は、それまで以上に民間の食糧流通企業や食糧加工企業との激しい競争に直面することになった。また、保護価格買付が廃止され、「備蓄と経営の分離」が実現したことで、損失発生時等における政府の救済を期待しにくくなったことも、地方国有食糧企業に改革を迫った。そのため、地方国有食糧企業は、統廃合や民間への払い下げ等により企業数を減らすとともに、レイオフ等による職員数の削減を進めた。

　表7-7は、1998年以降の国有食糧企業数と職員数の推移を、流通・備蓄企業（原文は「糧食購銷企業」）とその他企業（食糧加工業や運輸業などの関連産業企業）に分けてみたものである。それによれば、全体として企業数、職員数ともに大幅に減少しており、とくに職員数は1998年から2009年の11年間に5分の1以下に減少している。企業数においても職員数においても、減り方はその他企業の方が、流通・備蓄企業よりもはるかに大きい。

　中国の国有企業は、所有関係によって中央直属国有企業、省級国有企業、市級国有企業、県級国有企業に分けられるが、表7-8は各レベルの国有食糧企業について、企業数、職員数の推移をみたものである。中央直属の国有食糧企業は、企業グループとしては中国備蓄食糧管理総公司、中穀糧油集団（現在は中糧集団傘下）、中国華糧物流集団の三つしかないが、各企業グループが多数の子会社を有するので、企業数としては多くなる（たとえば中国備蓄食糧管理総公司の直属備蓄食糧倉庫は一つ一つが独立した企業である）。この系列の統計は、2006年以降のデータしか手に入らないが、わずか4年間の変化が非常に大きいことに驚く。企業数においても職員数においても、絶対数が増えているのは中央直属企業だけであり、省級以下の企業はすべて減少している。減り方は、下に行けば行くほど大きく、そのことはとくに職員数の減り方において顕著である。

　なお、表7-7と表7-8の企業数および職員数の合計を比べると、企業数は

第7章　間接統制システムの完成と農業保護の強化

表7-7　国有食糧企業数と職員数（1998～2010年）

(単位：社、人、％)

年	企業数	流通・備蓄	その他	職員数	流通・備蓄	その他
1998	53240	30434 (57.2)	22806 (42.8)	3305658	1947633 (58.9)	1358025 (41.1)
1999	51807	27033 (52.2)	24774 (47.8)	3187879	1816283 (57.0)	1371596 (43.0)
2000	48203	26010 (54.0)	22193 (46.0)	2980607	1729560 (58.0)	1251047 (42.0)
2001	45686	25077 (54.9)	20609 (45.1)	2727737	1675520 (61.4)	1052217 (38.6)
2002	42485	23429 (55.1)	19056 (44.9)	2325409	1442311 (62.0)	883098 (38.0)
2003	39495	22345 (56.6)	17150 (43.4)	2050871	1277643 (62.3)	773228 (37.7)
2004	34302	20522 (59.8)	13780 (40.2)	1663262	1047489 (63.0)	615773 (37.0)
2005	27831	17714 (63.6)	10117 (36.4)	1134500	745200 (65.7)	389300 (34.3)
2006	25174	15946 (63.3)	9228 (36.7)	948498	627599 (66.2)	320899 (33.8)
2007	21439	14778 (68.9)	6661 (31.1)	774000	547000 (70.7)	227000 (29.3)
2008	17064	13562 (79.5)	3502 (20.5)	699000	516000 (73.8)	183000 (26.2)
2009	16236	12567 (77.4)	3669 (22.6)	640000	458000 (71.6)	182000 (28.4)
2010	15370	11618 (75.6)	3752 (24.4)			

注1）その他企業は精米、製粉、飼料等の食糧加工業および輸送業など。
　2）職員数は「不在崗」すなわち企業に所属するが、実際には働いていない職員を含む。
　3）2010年の職員数は不明。
　4）（　）内は全体に占める割合（％）。
出所：『中国糧食発展報告2004～2011』より筆者作成。

表7-8　レベル別の国有食糧企業数および職員数（2006～2010年）

(単位：社、人、％)

		合計	中央	省級	市級	県級
企業数	2006	22791	322 (1.4)	418 (1.8)	2155 (9.5)	19896 (87.3)
	2008	17064	528 (3.1)	354 (2.1)	1871 (11.0)	14311 (83.9)
	2009	16236	603 (3.7)	395 (2.4)	1585 (9.8)	13653 (84.1)
	2010	15370	627 (4.1)	355 (2.3)	1454 (9.5)	12934 (84.2)
職員数	2006	733495	20369 (2.8)	34594 (4.7)	123970 (16.9)	554562 (75.6)
	2008	487231	32032 (6.6)	32608 (6.7)	78669 (16.1)	343922 (70.6)
	2009	493045	62209 (12.6)	32283 (6.5)	78502 (15.9)	320051 (64.9)
	2010	469577	63788 (13.6)	30031 (6.4)	79177 (16.9)	296581 (63.2)

注1）職員数は「在崗」つまり実際に働いている職員のみ。
　2）（　）内は合計に占める割合（％）。
　3）2007年のデータは不明。
出所：『中国糧食発展報告2007、2009～2011』より筆者作成。

表7-9　レベル別の私有食糧企業数および職員数（2006～2010年）

（単位：社、人、%）

		合計	省級	市級	県以下
企業数	2006	20207	93　(0.5)	1498　(7.4)	18616　(92.1)
	2008	27175	82　(0.3)	3491　(12.8)	23602　(86.9)
	2009	27083	95　(0.4)	2525　(9.3)	24463　(90.3)
	2010	27105	93　(0.3)	2288　(8.4)	24724　(91.2)
職員数	2006	306047	4145　(1.4)	33113　(10.8)	268789　(87.8)
	2008	305691	5149　(1.7)	62961　(20.6)	237581　(77.7)
	2009	374629	3567　(1.0)	60669　(16.2)	310393　(82.9)
	2010	437082	3196　(0.7)	56695　(13.0)	377191　(86.3)

注1）（　）内は合計に占める割合（%）。
　2）2007年のデータは不明。
出所：『中国糧食発展報告2007、2009～2011』より筆者作成。

表7-10　県以下の食糧企業の所有制別内訳（2006～2010年）

（単位：社、人、%）

年	企業数	国有	私有	職員数	国有	私有
2006	38512	19896　(51.7)	18616　(48.3)	823351	554562　(67.4)	268789　(32.6)
2008	37913	14311　(37.7)	23602　(62.3)	581503	343922　(59.1)	237581　(40.9)
2009	38116	13653　(35.8)	24463　(64.2)	630444	320051　(50.8)	310393　(49.2)
2010	37658	12934　(34.3)	24724　(65.7)	673772	296581　(44.0)	377191　(56.0)

注1）国有企業の職員数は「在崗」つまり実際に働いている職員のみ。
　2）（　）内は企業総数または職員総数に占める割合（%）。
　3）2007年のデータは不明。
出所：『中国糧食発展報告2007、2009～2011』より筆者作成。

2006年を除いて一致しているが（2006年の不一致の理由は不明）、職員数はすべて表7-7の方が大きい。この理由は、各表に注記したように、「不在崗」職員を含むか含まないかにあるが、「不在崗」職員は実際に働いていないにもかかわらず、社会保障費など一定の人件費が必要なので、国有企業にとって大きな負担となっている。

　表7-9は、私有食糧企業（国有以外のすべての食糧企業）について、表7-8と同様にレベル別の企業数と職員数をみたものである。ここでの私有食糧企業は、一定規模以上の登記企業であるから、一般の農村仲買人などは含まない。

第7章　間接統制システムの完成と農業保護の強化

私有食糧企業にはもともと中央級企業はなく、省級企業もほとんど存在しない。全体に占める市級企業の割合は、国有食糧企業とほぼ同程度である。国有食糧企業と決定的に異なるのは、県以下企業の数と職員数が増大しつつあることである。

この結果、表7-10に示したように、県以下のレベルでは、近年企業数でも職員数でも、国有企業と私有企業の割合が逆転しており、さらにその差が拡大する傾向にある。なお、県以下での国有食糧企業の減少と私有食糧企業の増大の一部は、国有企業が払い下げ等により私有企業に転換したことによって説明できる。

表7-11は、2006年以降の国有食糧企業の損益の推移をみたものである。なお、注記したように、2004年の全企業損失額が約311億元、2005年のそれが約118億元であることは分かっている。2007年に食糧流通・備蓄企業（「糧食購銷企業」）が全体として黒字に転化したが、食糧流通・備蓄企業が全体として黒字を記録するのは47年ぶりのことである（『中国糧食発展報告2008』59頁）。ただし、地方国有企業に限れば、この年も10億元以上の赤字であり、主に中国備蓄食糧管理総公司の黒字によって、全体が黒字になったにすぎない。その後、おそらく主に食糧市場価格の継続的な上昇によって、地方の国有食糧流通・備蓄企業も黒字に転化するが、2010年においても中央直属企業が利潤の60％以上を稼いでいる。前掲表7-8に示したように、企業数においても職員数においても、国有食糧企業のごく一部を占めるにすぎない中央直属企業が、国有食糧企業の利潤の過半を上げていることは、十分な注意に値する。

表7-12は、精米業、製粉業、飼料工業、トウモロコシ化工業について、所有制別の企業数、総加工能力および1社当たり平均加工能力をみたものである。所有制は、私有制を外資系と国内資本による経営（民営）に分けている。この表によれば、いずれの部門においても、国有食糧企業の比率は著しく低く、しかもわずか4年の間にもそのシェアを下げている。また、1社当たりの加工能力でみると、国有企業はとくに規模が大きいわけではなく、トウモロコシ化工業を除けば、一般の民営企業との加工能力の差はわずかなものでしかない。ほかの部門を含む2010年の国有食糧加工企業総数は1371社であり、これは国有食

表7-11 国有食糧企業の損益（2006〜2010年）

(単位：万元、%)

		合計	地方国有	中国備蓄	中穀集団	華糧物流
全企業	2006	−381083 (100)	−478183 (125.5)	86067 (−22.6)	11033 (−2.9)	
	2007	16360 (100)	−103745 (−634.1)	109643 (670.2)	10462 (63.9)	
	2008	213260 (100)	71934 (33.7)	157046 (73.6)	8983 (4.2)	−24703 (−11.6)
	2009	540412 (100)	220752 (40.8)	277732 (51.4)	43227 (8.0)	−1299 (−0.2)
	2010	600119 (100)	288045 (48.0)	312074 (52.0)		
流通・備蓄企業	2006	−297794 (100)	−394894 (132.6)	86067 (−28.9)	11033 (−3.7)	
	2007	16714 (100)	−102986 (−616.2)	109202 (653.4)	10498 (62.8)	
	2008	182541 (100)	44604 (24.4)	157046 (86.0)	8983 (4.9)	−28092 (−15.4)
	2009	450664 (100)	133035 (29.5)	277732 (61.6)	43227 (9.6)	−3330 (−0.7)
	2010	484150 (100)	182267 (37.6)	301883 (62.4)		
その他企業	2006	−83289 (100)	−83289 (100.0)	0 (0.0)	0 (0.0)	
	2007	−354 (100)	−759 (214.4)	441 (−124.6)	−36 (10.2)	
	2008	30719 (100)	27330 (89.0)	0 (0.0)	0 (0.0)	3389 (11.0)
	2009	89748 (100)	87717 (97.7)	0 (0.0)	0 (0.0)	2031 (2.3)
	2010	115969 (100)	105778 (91.2)	10191 (8.8)		

注1）2004年の全企業損失額は311億元（『中国糧食発展報告2006』44頁）。
2）2005年の全企業損失額は118億元（『中国糧食発展報告2007』39頁）。
3）（ ）内は合計に占める割合（%）。
出所：『中国糧食年鑑2007〜2011』より筆者作成。

第7章　間接統制システムの完成と農業保護の強化

表7-12　食糧加工企業数および年間加工能力（2006〜2010年）

(単位：社、万トン/年、％)

	年	企業数				総加工能力				1社当たり加工能力			
			国有	外資系	民営		国有	外資系	民営		国有	外資系	民営
精米業	2006	7548	848	24	6676	14778	2681	130	11967	1.96	3.16	5.41	1.79
	2008	7311	900	25	6386	16047	2248	167	13632	2.19	2.50	6.68	2.13
	2009	7687	754	36	6897	19424	2293	215	16828	2.53	3.04	5.98	2.44
	2010	8519 (100)	799 (9.4)	41 (0.5)	7679 (90.1)	24339 (100)	2889 (11.9)	340 (1.4)	21110 (86.7)	2.86 (100)	3.62 (127)	8.29 (290)	2.75 (96)
製粉業	2006	3159	296	31	2832	9473	947	380	8146	3.00	3.20	12.26	2.88
	2008	2819	328	37	2454	11600	1425	483	9693	4.12	4.34	13.04	3.95
	2009	2787	259	37	2491	12167	1132	502	10478	4.37	4.37	13.58	4.21
	2010	3027 (100)	278 (9.2)	44 (1.5)	2705 (89.4)	15954 (100)	1439 (9.0)	699 (4.4)	13816 (86.6)	5.27 (100)	5.18 (98)	15.89 (302)	5.11 (97)
飼料工業	2008	1256	69	108	1079	7811	372	1183	6257	6.22	5.39	10.95	5.80
	2009	1442	65	129	1248	8243	400	1427	6349	5.72	6.16	11.06	5.09
	2010	2031 (100)	84 (4.1)	193 (9.5)	1754 (86.4)	14605 (100)	635 (4.3)	2356 (16.1)	11614 (79.5)	7.19 (100)	7.56 (105)	12.20 (170)	6.62 (92)
トウモロコシ化工業	2008	323	34	22	267	4530	479	845	3206	14.02	14.08	38.40	12.01
	2009	346	26	29	291	4594	411	808	3373	13.28	15.81	27.86	11.59
	2010	371 (100)	19 (5.1)	31 (8.4)	321 (86.5)	6717 (100)	526 (7.8)	1558 (23.2)	4633 (69.0)	18.11 (100)	27.69 (153)	50.26 (278)	14.43 (80)

注1）トウモロコシ化工業とは、トウモロコシを原料とするでん粉、異性化糖、アルコール等の製造業を指す。
　2）外資系企業は香港・マカオ・台湾系を含む。
　3）2006年の飼料工業、トウモロコシ化工業および2007年のデータは不明。
　4）2009年の総加工能力は、3つのタイプの企業の加工能力の合計と一致しないが、出典の数字に従った。
　5）2010年の企業数、総加工能力の（　）内は全体に占める割合（％）。1社当たり加工能力の（　）内は全企業の平均を100とする指数。
出所：『中国糧食年鑑2007、2009〜2011』より筆者作成。

糧企業総数の8.9％を占めるにすぎない。他方、同じ年の外資系と民族系を含む私有食糧加工企業総数は1万5086社であり、これは私有食糧企業総数の55.7％をも占める。なお、精米業や製粉業の加工能力は、明らかに需要を超過しており、過剰な設備を抱えた企業が、激しい市場競争を行っていることがうかがえる。

最後に、2007年についてのみであるが、全国の食糧倉庫の保管容量が分かる。使用可能な倉庫の保管容量は全国で2億8735.6万トンであるが、そのうち非国有倉庫の容量は2843.5万トン（9.9％）しかなく、残りの2億5892.1万トン（90.1％）は国有倉庫である（『中国糧食年鑑2008』635頁）。この年の、中央備蓄食糧代理保管資格保有倉庫容量は全国で9168.1万トンであった（『中国糧食発展報告2008』83頁）。これに約4000万トンと想定される中国備蓄食糧管理総公司の直属倉庫を加えると約1億3000万トンとなるから、全国の食糧倉庫の半分弱が備蓄用の倉庫ということになる。かりに1億3000万トンの備蓄用倉庫をすべて国有としても、国有食糧倉庫の残された容量はなお約1億3000万トンもある。

前掲表7-4によれば、現在、国有食糧企業は農家の販売食糧の40～50％程度を買い付けていると考えられるが、逆にいえば全体の約10％の倉庫容量しかない民間食糧企業が、農家の販売する食糧の50～60％を買い付けていることになる[101]。どうして、このようなことが可能になるのか。それには大きく二つの理由がある。一つには、小規模な貯蔵施設を有する民間流通業者（張［2010］の「大経紀人」[102]）の存在である。こうした業者は、農村仲買人（ま

---

[101] ここでの民間企業の買付は、農家の庭先まで出向いて食糧を買い付けるような小規模な農村仲買人（張［2010］の「小経紀人」）によるものは含まない。こうした小規模な仲買人（あるいは農民自身）が食糧を持ち込む先の企業が国有企業であるか、それとも民間企業であるかを問題にしている。農民から直接買い付けるのが誰かという基準で判断すれば、現在の中国の食糧買付はほとんどすべてが民間部門（農村仲買人）によるものである。

[102] 張［2010: 29］の事例分析では、民間流通業者の貯蔵施設の容量は1200トンないし2000トンであり、一般の地方国有食糧企業とは比べものにならないほど小さい。なお、調査対象のB社は、2000トンの貯蔵施設で1年間に2.2万トンの買付を行った。

第7章　間接統制システムの完成と農業保護の強化

たは農家）から買い付けた食糧を、短期間で備蓄倉庫を含む国有食糧企業または食糧加工企業（所有制は問わない）等に転売して、利ざやを稼ぐ。こうした業者は、国有食糧企業に比べて小回りがきき、回転が速いので、小規模な貯蔵施設しかなくても大量の買い付けを行うことができる。もう一つの理由は、表7-12から明らかなように、中国の食糧加工企業の大部分が民間企業だということに関係している。食糧加工企業は、原料食糧を多様なルートで購入するが、そのうちの一つの重要なルートが農村仲買人経由を含む農家からの直接購入である。この部分も、民間食糧企業による農家販売食糧の買付シェアの上昇に少なからず貢献している。

　食糧加工企業は通常、原料食糧を保管するための一定規模の倉庫を保有しているが、保管費用の節約と価格変動リスクの軽減のために、倉庫容量あるいは在庫規模を工場の安定操業に必要な最低限の規模に抑える傾向が強い。この場合、膨大な食糧倉庫を有する国有食糧企業が、事実上食糧加工企業の原料在庫保管機能を果たしている。また、先にも述べたように、民間流通業者（「大経紀人」）は小規模な貯蔵施設しか有していないので、農村仲買人経由で農家から買い付けた食糧の売り先として、（市況にもよるが）結局国有食糧企業を当てにしている面が強い。つまり、国有食糧企業は、備蓄用、商業用を問わず、食糧倉庫の大部分を保有しており、中国における食糧の農家買付から（精米・製粉等の）加工、販売に至るサプライチェーンの中間に当たる食糧保管の部分において、絶対的なシェアを持っているから、民間食糧企業も多分に国有食糧企業の食糧保管機能に依存せざるを得ないのである。また、これとは逆に国有食糧流通・備蓄企業は、県以下の国有企業のリストラにより食糧買付機能が低下すれば、民間業者の買付能力に依存せざるを得ない面が出てくるし、保管食糧の販売先としては、そもそも大部分が民間企業である食糧加工企業に強く依存している。

　このように考えると、中国の国有食糧企業と民間食糧企業は、食糧買付および食糧加工・販売の部分では一部競争関係にあるが、全体としては相互依存関係にあるともいえる。食糧のサプライチェーンを農家からの買付という入口、保管・備蓄という中間、加工・販売という出口に分けて考えると、中間と出口

ではほぼ完全に棲み分けが行われており、中間部分を国有企業が、また出口部分を主に民間企業が担っている。他方、入口部分は国有企業と民間企業の買付シェアが約半々ということからすれば、まだ棲み分けは完成しておらず、両者がなお激しい競争を行っているとみることができる。

第 8 章

まとめと今後の展望

　本書は、「改革開放」政策が開始された1978年から現在に至る30年余りの期間における中国の食糧流通システムの転換を、とくに1985年、1992〜1993年、2001〜2004年に実施された抜本的な流通自由化改革、および1998年における産地流通の直接統制への逆行の試みに注目して、整理・分析した。

　1985年の改革は、政府の主観としては、それまで直接統制的であった農家からの食糧買付（農家の食糧販売）を自由化しようとするものであった。ただし、このときの改革は、低価格での食糧配給制度（統一販売制度）には手を付けなかったから、農家からの食糧買付価格が上昇すると、売買逆ざやにともなう政府の財政支出が膨らむという潜在的な問題をはらんでいた。当時の中国政府の市場経済観は、今から思えば非常にナイーブであり、そもそも自由化後の価格変動の増大という発想すら薄く、いったん市場価格が高騰すると慌てふためくことになってしまった。その意味では、1985年の市場化改革は、失敗するべくして失敗したといえる。

　1985年改革の失敗後、中国の食糧流通システムは、直接統制（農家の供出義務のある契約買付＋低価格での配給）と自由流通が結合した複線型流通システムとなった。複線型流通システムは、統制経済と市場経済という「水と油」の経済システムを無理やり結びつけているために、流通システムとしては非常に不安定であった。食糧不足時には市場価格が高騰するので、契約買付の買付困難という問題が発生し、食糧過剰時には市場価格の下落と農家の食糧販売難と

いう問題が発生した。不足時には統制部分に問題が生じ、過剰時には統制外の市場流通部分に問題が生じたといってもよい。

　農民にとって不利な、低価格での契約買付制度の実施を余儀なくした最大の要因は、低価格での配給制度の存在にあったが、中国政府は1991年と1992年に配給価格の大幅な引き上げを行い、契約買付価格との売買逆ざやをなくした。さらに、1992～1993年に地区をおって順次配給制度を廃止して、食糧の買付価格と販売価格を自由化した。契約買付制度は数量的には存続したが、価格が自由化され、農家の供出義務もなくなったので、事実上廃止されたに等しい。消費者保護的な配給制度の廃止が、食糧流通の自由化を可能にしたのである。1992～1993年の改革において、もう一つ重要な点は、買付の保護価格（最低支持価格）と小売の最高限度価格が定められたことである。直前の1990年に食糧の国家備蓄制度が成立したこと、同時期に食糧卸売市場制度の整備が進んだこととと合わせ、この時期に食糧流通の間接統制システムの基礎的な枠組みが形成された。その意味では、1985年の改革が失敗するべくして失敗したのとは異なり、1992～1993年の改革は、少なくとも抽象的には成功する可能性があったといってよい。わずか数年が経っているだけであるが、1980年代半ばと1990年代前半とを比べると、中国の農業政策当局の市場経済観や政策構想力は飛躍的に進歩している。

　ところが、結局、1992～1993年の食糧流通自由化改革も失敗に終わった。直接的なきっかけは、1993年出来秋以降の食糧市場価格の暴騰を政府が抑制できなかったことにある。1990年代初めに食糧流通を間接統制するための基礎的な制度は作られたものの、食糧備蓄規模が小さい、備蓄食糧を専門的に管理・運営する機関が存在しない、卸売市場を経由する流通量もあまり大きくないなどの理由により、当時の中国政府が実際に食糧流通を間接統制する能力は、現在とは比較にならないほど低かったのである。政府の市場介入能力を規定する国家財政規模がまだ小さかったことも、間接コントロールの制約要因となった。

　中国政府は、1994年以降食糧契約買付を農民の義務供出に戻すとともに、契約買付価格を大幅に引き上げて、農家の販売食糧の大部分を政府が掌握しようとした。こうして、中国の食糧流通システムは再び複線型流通システムに戻っ

第 8 章　まとめと今後の展望

たのである。ただし、食糧配給制度が復活することはなかったから、1992～1993年改革の結果、小売段階の食糧流通は完全に自由化されたといえる。また、それまで中央政府が計画的にコントロールしていた省を越える食糧調達についても、徐々に市場流通に委ねられることになった。1992～1993年改革は、食糧買付の自由化には失敗したものの、サプライチェーンの川中、川下部分の流通自由化は着実に進行した。

　中国政府は1992～1993年改革の失敗後、直接統制部分の価格（契約買付価格）を大幅に引き上げたのみならず、非統制部分についても、市場価格より高い価格での国家備蓄用買付（1996～1997年）や、保護価格による無制限買付（1997～2003年）を行った。なぜ、それほどまでして政府（国有食糧企業）の食糧買付を増やす必要があったのか。一つには、もちろん食糧生産者価格を高く維持するためであろうが、もう一つには、当時の指導者が最後まで、商品化食糧の大部分を政府が掌握しなければ市場が安定しないという、直接統制的な発想から免れなかったことが関係しているように思われてならない[103]。いずれにしろ、価格関係に着目して、1994年以降の複線型流通システムと1986～1991年の複線型流通システムを比較すると、消費者保護から生産者保護への移行がみられる。

　市場価格より高い保護価格による無制限買付を実施するためには、在庫保管費用や逆ざや処理費用など莫大な財政支出が必要であるが、中央政府はその負担の大部分を地方政府に転嫁した。食糧主産地の地方政府は、当然この政策に対するインセンティブがないから、保護価格買付はサボタージュされ、1997年以降食糧市場価格は下落を続けた。そのため、国有食糧企業の赤字も雪だるま式に膨れ上がった。これに対して、中央政府は1998年に、国有食糧流通企業以外の業者が農家から直接食糧を買い付けることを禁止して、人為的に買い手独占の状況を作り出すことで、「順ざや」販売を実現しようとした。要するに、産地における食糧流通を直接統制に戻そうとしたのであるが、市場経済化の進

---

103) 意外に思われるかもしれないが、農業政策との関連で判断する限り、朱鎔基総理（当時）には強い直接統制指向がみられる。

む中国農村において、この「改革」が失敗したことはいうまでもない。1999年以降、保護価格買付の縮減、比較優位に基づく食糧産地の調整など、市場化改革路線への復帰が図られ、2001～2004年に全国各省で順次食糧買付と価格の自由化が行われた。こうして、中国の食糧流通市場化改革は完成した。

2004年に主産地省で食糧流通が自由化されたときに、保護価格買付制度は廃止され、それに代わる食糧価格の間接統制手段として、最低買付価格制度が導入された。最低買付価格制度および2007年に導入された臨時買付保管制度は、食糧の中央備蓄（国家備蓄）制度と連動している。現在の食糧中央備蓄量（目安は7500万トン）と臨時保管量を合わせると、常時1億トンを超えると思われる。中国政府は、2000年に中国備蓄食糧管理総公司という、備蓄食糧管理のための国有企業を設立しており、この企業を通じて膨大な備蓄食糧等を緩衝在庫として運用することで、実効的に食糧流通の間接コントロールを行っている。

また、2004年に食糧リスク基金を原資とする食糧直接補助金制度が導入され、2006年には農業生産資材総合直接補助金制度が導入されるなど、現在の中国では農家に対する直接支払いが重要な農業保護政策手法となっている。食糧最低買付価格制度は、2004年当時は価格安定政策としての性格が強かったが、2008年以降毎年大幅に価格が引き上げられることで、価格支持政策としての性格を強めている。

「改革開放」後の食糧流通の市場化改革の展開を、現在の視点から振り返ると、1980年代にはまだ客観的な改革条件は成熟していなかったと思われる。食糧の賃金財あるいは生活必需品としての重要性に鑑みると、自由な市場経済をベースとしつつも、何らかの流通・価格の間接統制の仕組みは不可欠であるが、1980年代半ばには政策当局自身がまだそうした市場経済観を持っていなかった。これに対して、1992～1993年改革は、すでに基本的に2001～2004年改革と同様な政策理念を有しており、間接統制の基礎的な枠組みも形成されつつあった。その意味では、1992～1993年頃には、本格的な市場化改革に着手する前提条件はほぼ出揃っており、あとは備蓄（緩衝在庫）規模の充実や、独立した間接統制主体の設立、適切な床価格（floor price）の決定など、間接統制の物的基礎

の拡充と政府の間接統制手法の習熟を待つだけのところまで来ていた。1998年「改革」は、こうした市場化改革の流れのなかでは、ある種の「茶番劇」であり、大騒ぎした割には大して実害もなかったことは、その後の改革の歴史が証明している。

中国の経済改革の展開をみる場合、1990年代の評価は一つの大きな論点になると思われるが、農業政策や食糧流通システムの展開をみる場合も全く同じである。農業政策が消費者保護的であるか生産者保護的であるかを判断するメルクマールとして、1992～1993年の食糧配給制度の廃止が重要であることはいうまでもないが、その後は契約買付価格や保護価格、最低買付価格といった政府買付価格水準の評価や、農民の税費負担および補助金受け取りの状況などが重要な判断材料となる。1994年以降の一時期、契約買付価格は急激に引き上げられたが、結局高価格を維持できず、1997年以降の保護価格や市場価格は下落している。保護価格買付が、政策コストが高い割に農民保護効果が低いことは朱［2008］の指摘するとおりである。また、1994年の分税制[104]実施後、農民負担問題が深刻化したことは、陳・趙・羅［2008: 第7章］が詳しく分析している。要するに、1994年以降の農業政策は、政策当局の主観としては農業保護指向が強いが、客観的にはあまり効果が上がっていない。食糧流通システムも、1980年代後半と比べると明らかに農民保護的ではあるが、2004年以降の状況と比べると、十分に農民保護的とはいえない。

1980年代まで食糧流通管理コストは基本的に中央政府が負担したが、1990年代には食糧省長責任制を導入するなどして、負担の大部分を地方政府に押し付けた。食糧流通管理コストの地方政府への押し付けは、分税制の導入による農民負担の深刻化とも同じ文脈で語ることができる政策だと思うが、その辺りのメカニズムの検証は残された課題としたい[105]。いずれにしろ、食糧流通に関

---

104) 分税制は、税収を中央税、地方税および中央地方共有税に区分する。中央財政から地方財政への税収還付制度を確立する。中央財政から地方財政への地方交付金制度を確立する、などの内容からなる財政制度の抜本的な改革である。分税制について、詳しくは張忠任［2001］、津上［2004］などを参照。
105) おそらく津上［2004］の「前期分税制」時代の政策に関係している。

していうならば、2001〜2004年改革以降、中央備蓄食糧等の管理や最低買付価格政策の実施など、間接統制システムの運用にかかる費用をすべて中央財政が負担することにしたことが、システムの安定的な運行を担保している。食糧間接統制システムの運用には莫大な費用がかかるのであり、経済成長にともなう財政規模の拡充と財政の中央集権性の強化[106]も、食糧流通制度改革の成功にとって不可欠の条件だったのである。

2004年以降の中国の食糧流通は、農家の食糧販売から消費者の食糧購入に至るまで、基本的にはすべて自由な市場メカニズムに基づいて運行されている。ただし、準政府機関である中国備蓄食糧管理総公司は膨大な緩衝在庫（備蓄）を保有しており、市況をみながら随時、農家（実際には仲買人）からの買付と、市場への放出を行うことで、市場価格を間接的にコントロールしている。食糧サプライチェーンの中間にあたる備蓄・保管段階において、中国備蓄食糧管理総公司がガリバー型企業として君臨する一方、川下の加工・販売段階においては民間企業のシェアが圧倒的に高いので、効率的な市場流通と価格の安定の両立が可能になっている。このシステムを運営するために、政府は1000億元を超えるとも想定される巨額の財政支出を行っているが、この程度の負担で食糧需給と価格の安定を保つことができれば、現在の中国の国力からみて、安上がりともいえる。

現在の中国の食糧流通システムは、システムとしての完成度が高く、運行状態も安定しているので、短中期的には制度の根幹に関わる大きな変化があるとは考えにくい。間接コントロールにとって重要なのは、川中部分を抑えることであり、川上部分で農家から食糧買付を行う業者が国有企業である必要はない。そのため、県以下の中小国有食糧企業は、今後一層民間への払い下げや合併が進み、淘汰されていく可能性が強いが、これは制度の根幹に関わる問題ではない。

一つ気になる点は、中央備蓄食糧管理総公司が川上、川下の活動に乗り出す

---

[106] 津上［2004］の「後期分税制」時代の政策的特徴である。

動きがあることである。川上においては、食糧生産農家との契約栽培(「訂単農業」)を進めており、2011年の契約面積は全国で約108万ヘクタールに達した[107]。これは買付量に直して400～500万トンにはなろうかという膨大な面積である。備蓄企業は本来、市場における食糧需給状況をみて、過剰時に政策的買付を行うのがその役割であり、市場の需給バランスに関係なく農家との契約により固定的な買付を行えば、自らの間接コントロール能力を低下させることになってしまう。しかも通常、契約栽培により購入するのは高品質な農産物であるから、備蓄にまわすのではなく、自ら精米や小麦粉に加工して販売している可能性が高い。直属備蓄食糧倉庫は独立採算企業なので、こうした問題が生じるのかもしれないが、明らかにその本来任務からは逸脱している。

中国備蓄食糧管理総公司は、川下では本来、精米・製粉企業等に原料食糧を提供することが期待されているが、近年北京・天津地区や珠江デルタ地区、長江デルタ地区に、次々と大型の精米工場を建設している。上海では、年産36万トンの精米工場を稼働させる計画で、2012年1月には1期工程の18万トンの設備が完成して操業を開始した。上海市の1年間の米消費量は210万トンであるから、36万トンはこの17%にも相当する[108]。備蓄食糧管理という任務を負った国策企業として、様々な政策的優遇を受けている中国備蓄食糧管理総公司が、川下分野に進出して、民間企業と市場で競争するのは明らかに不公平であるし、間接コントロール主体としての中立性も失われる。政府の保護を受けた大型国有企業が民間企業の活動を圧迫する(可能性がある)という意味では、2008年以降の中国において問題となっている「国進民退」(大型国有企業の発展と民間企業の後退)と同じ文脈で語られるべき現象かもしれない。

いずれにしても、中国備蓄食糧管理総公司による食糧サプライチェーンの川上、川下への進出は、自由な市場経済を前提にした間接コントロールシステムという現在の食糧流通システムの根幹を揺るがす事態である。今のところ部分

---

107) 中国儲備糧管理総公司ホームページ記事「中儲糧成為平衡市場供需穏定器」(http://www.sinograin.com.cn/?action-newscld-54-1044)。
108) 中国儲備糧管理総公司ホームページ記事「中儲糧上海米業項目投産規劃年産大米36万噸」(http://www.sinograin.com.cn/?action-newscld-54-1098)。

的な現象にとどまっているとは思うが、中長期的には食糧流通システムの効率性や公平性を大きく損なう可能性のある、深刻な問題である。ただ、農家にとっては、自分が作った食糧を高く買ってもらえさえすれば買い手が誰でも、ましてやその食糧を加工・販売するのが誰でもかまわない。農家の食糧販売という視点からみれば、中国備蓄食糧管理総公司の川上、川下への進出は、全く問題にならないというだけでなく、契約栽培の普及により高価格での安定販売が可能になれば、評価すべき動きだということにもなる（実際に中国国内ではそうした文脈で報道されている）。本書がとりあげた中国の食糧流通システムというテーマは、それだけ多くの社会経済問題や政策に関係し、多様な分析視角が成立する複雑な研究課題なのである。

あとがき

　本書は、著者が2009年12月に東北大学大学院農学研究科に提出した博士学位請求論文「中国における食糧流通システムの転換に関する研究」を基にしているが、著書として取りまとめるに当たり、さらに大幅な加筆・修正を行った。

　本書の一部は、過去に著者が発表した論文を下敷きにしているが、今回の出版に当たり全面的な書き直しを行ったので、元の文章はほとんど原形を留めていない。参考までに下敷きとなった論文を記すと、以下のとおりである。

第1章　書き下ろし
第2章　書き下ろし
第3章　「食糧の流通・価格問題」（阪本楠彦・川村嘉夫編『中国農村の改革―家族経営と農産物流通―』アジア経済研究所　1989年　76-117ページ）。
第4章　「中国における食糧流通システムの転換」（『農業総合研究』第48巻第2号　農業総合研究所　1994年4月　1-52ページ）。
第5章　同上。
第6章　大部分が書き下ろしであるが、一部は「農産物の価格と流通」（日中経済協会編『1994年の中国農業』日中経済協会　1995年　80-91ページ）、「食糧の国内流通制度とその運用」（日中経済協会編『1997年の中国農業』日中経済協会　1998年　65-77ページ）、「食糧流通体制改革の動向と問題点」（日中経済協会編『1998年の中国農業』日中経済協会　1999年　89-101ページ）などを下敷きにしている。
第7章　書き下ろし
第8章　書き下ろし

　東北大学の工藤昭彦先生には、大学院学生時代に大潟村に押しかけて以来、

一貫して研究上のご指導を賜っている。博士学位請求論文の提出に当たっても、農学研究科長・農学部長（当時）としてご多忙ななか、主査を引き受けていただいた。今回、何とか出版にこぎつけることができたことで、工藤先生との約束を一つ果たすことができた。同じく東北大学の長谷部正先生と米倉等先生には、論文審査の副査を引き受けていただいた。三人の先生方には、この場を借りて深く感謝を申し上げたい。著者の大学時代の指導教官である酒井惇一先生には、農業の実証研究の何であるかを教えていただいた。酒井先生の期待に反して中国農業研究の道に進んでしまった著者であるが、日本農業との比較研究という視点は常に持ち続けていたいと考えている。

　そもそも、著者が中国農業研究を始めたきっかけは、いかにも受動的であり、端的にいえば最初の職場での業務命令によるものである。著者は1983年に東北大学大学院を修了して、当時の農林水産省農業総合研究所に就職したが、配属先は海外部計画経済地域研究室であり、命じられた仕事は中国農業に関する研究であった。正直なところ中国農業については何の知識もなかったが、農業総合研究所はたいへん恵まれた職場であり、著者に外部の大学や研究機関において一から中国農業を勉強する機会を与えてくれた。

　なかでも、一橋大学（のちに東京大学）の中兼和津次先生の研究会に参加させていただいたことと、日中経済協会において小島麗逸先生（当時アジア経済研究所）と若代直哉先生（当時東京大学）が主査を務める農業委員会に参加させていただいたことが、著者に中国の食糧流通システムに関する研究を開始するきっかけ、ならびに博士学位請求論文の基となる何篇かの論文を執筆する機会を与えてくれた。農業委員会には1985年度から2002年度まで、ほとんど毎年参加したが、1985年度の報告書の分担テーマに農産物流通を選んだこと（この選択は能動的であった）と、この年が最初の本格的な食糧流通自由化改革の年であったことが、多分にその後の研究生活を方向づけた。

　アジア経済研究所（当時）の川村嘉夫先生は、中国農業に関する研究業績の全くない著者を、無謀にも1986年度の「中国農業の家族経営と農産物流通問題」研究会のメンバーに加えて下さり、初めて本格的な中国農村調査を行う機

あとがき

会も与えて下さった。この研究会の成果論文は、本書第3章の基になっている。

　中兼先生には、1990年以来たびたび中国で農村調査を行う機会を与えていただいたが、そのうち1993年に安徽省天長県（現天長市）で行った調査が本書第5章の基になっている。天長県では、1992年に（1985年以来2回目の）抜本的な食糧流通自由化改革が実施されたが、その直後に現地を訪問することで、具体的な改革の実施過程を詳しく調査できたことは幸運であった。著者は、その後1998年に国際農林水産業研究センターに異動となり、2001年3月に農林水産省を退職する直前まで、長期派遣専門家として北京に滞在した。そのため、1998年の食糧産地流通を直接統制へ逆行させようとする「改革」の動きを、現地で目の当たりにすることができたことも幸運であった。

　ちょうど博士学位請求論文を取りまとめ中の2009年に、それまで手にすることのできなかった食糧流通に関する貴重な統計データが多数掲載された『中国糧食改革開放三十年』が出版されたことも、本書の執筆にとって幸運であった。国家糧食局が、2004年から『中国糧食発展報告』という年次報告書を、同じく2006年から『中国糧食年鑑』という年鑑を刊行し始めたことも、本書執筆の助けになった。これらの出版物を利用することができなければ、本書の執筆は到底不可能であった。本書の執筆が、多くの偶然と幸運によって初めて可能になったことに改めて感謝したい。

　著者は、1988年9月から1990年4月まで、北京にある中国人民大学農業経済系に留学する機会を与えられ、同大学の厳瑞珍教授の指導を受けた。この留学あるいは中兼先生や田島俊雄先生（東京大学）が主催する日中共同農村調査グループへの参加は、著者に多くの中国人研究者と親しく交流する機会を与えてくれた。そのなかでも、とくに陳錫文研究員（当時国務院農村発展研究中心発展研究所長）からは、直接あるいは著書を通じて、多くのことを学ばせていただいた。そのほか、杜鷹、謝揚、徐小青、陳剣波、趙陽の各研究員（当時発展研究所）、宋洪遠研究員（農業部農村経済研究中心）、朱鋼研究員（中国社会科学院農村発展研究所）とは、現在に至るまで研究上の交流が続いている。国際農林水産業研究センターの専門家として北京に滞在中は、中国農業科学院農業

経済研究所と共同研究を行った。朱希剛所長（当時）、薛桂霞研究員とは、一緒に中国各地の農村を調査した。

　明治大学社会科学研究所は、本書を「明治大学社会科学研究所叢書」として刊行するに当たり、刊行費を助成してくれた。また、学内外の匿名の査読者からは、適切かつ有意義なコメントをいただいた。出版に当たり、田島先生から御茶の水書房をご紹介いただいた。同社の小堺章夫氏には、大変丁寧な編集作業をしていただき、立派な本に仕上げていただいた。関係する皆様に、心から感謝を申し上げたい。なお、最終的な出版原稿を作成する過程で、長年の不摂生がたたって眼底出血を発症した。そのため、御茶の水書房への原稿の入稿が大幅に遅れ、社会科学研究所ならびに小堺氏に多大なご迷惑をお掛けした。この場を借りて、深くお詫びを申し上げたい。

　著者がこれまで、曲がりなりにも中国農業の研究を続けてこられたのは、上にお名前をあげた方のほかに、日本と中国の多くの研究上の先輩と友人（最近では教え子も）の助けがあったからである。これらの皆様に、改めて心から御礼を申し上げたい。

　最後に、私事になるが、突然の病に倒れ、本書の完成を待たずして他界した母・道に本書を捧げたい。

　　2012年5月

池上彰英

参考文献

〈日本語文献〉

池上彰英［1986］「農産物流通と農産物価格」（日中経済協会編『1985年の中国農業』日中経済協会　75-107ページ）。

池上彰英［1988］「農産物流通問題」（日中経済協会編『1987年の中国農業』日中経済協会　108-129ページ）。

池上彰英［1989a］「食糧の流通・価格問題」（阪本楠彦・川村嘉夫編『中国農村の改革―家族経営と農産物流通―』アジア経済研究所　76-117ページ）。

池上彰英［1989b］「中国における農業技術普及体制の再編」（『農業総合研究』第43巻第2号　4月　69-99ページ）。

池上彰英［1994a］「農産物の流通システム」（日中経済協会編『1993年の中国農業』日中経済協会　57-71ページ）。

池上彰英［1994b］「中国における食糧流通システムの転換」（『農業総合研究』第48巻第2号　4月　1-52ページ）。

池上彰英［1995］「農産物の価格と流通」（日中経済協会編『1994年の中国農業』日中経済協会　80-91ページ）。

池上彰英［1996］「農産物価格と流通改革」（日中経済協会『1995年の中国農業』日中経済協会　103-113ページ）。

池上彰英［1997a］「農家の食糧販売をめぐる諸問題」（中兼和津次編著『改革以後の中国農村社会と経済』筑波書房　221-248ページ）。

池上彰英［1997b］「食糧需給・流通・備蓄体制」（日中経済協会編『1996年の中国農業』日中経済協会　55-66ページ）。

池上彰英［1998］「食糧の国内流通制度とその運用」（日中経済協会編『1997年の中国農業』日中経済協会　65-77ページ）。

池上彰英［1999］「食糧流通体制改革の動向と問題点」（日中経済協会編『1998年の中国農業』日中経済協会　89-101ページ）。

池上彰英［2000］「中国のWTO加盟と農業政策の課題」（『国際農林業協力』第23巻第1号　2-11ページ）。

池上彰英［2002］「食糧の国内流通及び備蓄の動向」（日中経済協会『2001年の中国農業』日中経済協会　84-98ページ）。

池上彰英［2007］「中国の「三農」問題と農業政策」（久保田義喜編『アジア農村発展

の課題』筑波書房　71-102ページ)。

池上彰英［2009a］「中国農業の動向と世界の穀物需給への影響」(梶井功編集代表・後藤光蔵編集担当『日本農業年報55食料自給率向上へ！』農林統計協会　39-53ページ)。

池上彰英［2009b］「農業問題の転換と農業保護政策の展開」(池上・寳劔編［2009: 27-61］)。

池上彰英［2011］「アジア途上国の経済発展と農業」(明治大学農学部食料環境政策学科編『食料環境政策学を学ぶ』日本経済評論社　90-113ページ)。

池上彰英・寳劔久俊編［2009］『中国農村改革と農業産業化』アジア経済研究所。

石原享一［1985］「計画化と価格」(丸山伸郎編『転機に立つ中国経済』アジア経済研究所　37-86ページ)。

荏開津典生［2008］『農業経済学［第3版］』岩波書店。

厳善平［2009］『農村から都市へ』岩波書店。

佐伯尚美［1987］『食管制度』東京大学出版会。

菅沼圭輔［1993a］「食糧管理制度と流通改革」(日中経済協会編『1993年の中国農業』日中経済協会　71-122ページ)。

菅沼圭輔［1993b］「穀物の流通」(食品流通システム協会編『1992年度食品流通技術海外協力事業報告書―中国編―』食品流通システム協会　50-79ページ)。

菅沼圭輔［2009］「農業生産構造の変化と農産物流通システムの変容」(池上・寳劔編［2009: 145-173］)。

張玉林［2001］『転換期の中国国家と農民 (1978～1998)』農林統計協会。

張忠任［2001］『現代中国の政府間財政関係』御茶の水書房。

張馨元［2010］「中国のトウモロコシ流通市場における『経紀人』の役割」(『アジア研究』第56巻第4号　10月　18-34ページ)。

津上俊哉［2004］「中国地方財政制度の現状と問題点―近時の変化を中心に―」(RIETI Discussion Paper Series 04-J-020 独立行政法人経済産業研究所http://www.rieti.go.jp/jp/)。

中兼和津次［1992］『中国経済論』東京大学出版会。

寳劔久俊［2003］「中国における食糧流通政策の変遷と農家経営への影響」(高根努編『アフリカとアジアの農産物流通』アジア経済研究所　27-85ページ)。

寳劔久俊［2011］「中国のトウモロコシ需給構造と食料安全保障」(清水達也編『変容する途上国のトウモロコシ需給』アジア経済研究所　133-168ページ)。

〈英語文献〉

Lardy, Nicholas R.［1983］*Agriculture in China's Modern Economic Development*,

Cambridge: Cambridge University Press.
Lin, J.Y. [1992] "Rural Reforms and Agricultural Growth in China," *American Economic Review*, Vol. 82, pp. 34-51.
Oi, Jean C. [1986] "Peasant Grain Marketing and State Procurement: China's Grain Contracting System," *The China Quarterly*, No. 106, pp. 284-287.

〈中国語文献〉

安徽省人民政府辦公室編［1986］『安徽省情（1949-1984）2』合肥　安徽人民出版社。
安希伋［1985］「論我国農産品価格体制改革与価格政策調整」（『農業経済問題』第10期　10月）
白美清［1992］「積極穩妥地推進糧食流通体制改革」（『中国商業年鑑1992』Ⅰ-2-5頁）。
北京農業大学等編［1983］『経済大辞典・農業経済巻』上海　上海辞書出版社。
陳少偉・胡鋒［2009］『中国糧食市場研究第一輯』広州　暨南大学出版社。
陳少偉・胡鋒［2011］『中国糧食市場研究第二輯』広州　暨南大学出版社。
陳錫文［2008］『陳錫文改革論集』北京　中国発展出版社。
陳錫文・趙陽・羅丹［2008］『中国農村改革30年回顧与展望』北京　人民出版社。
陳錫文・趙陽・陳剣波・羅丹［2009］『中国農村制度変遷60年』北京　人民出版社。
戴林生・鄧和平［1985］「糧食工作要有経銷観点」（『財貿経済』第4期　4月）。
戴謨安編著［1982］『糧食生産経済』北京　農業出版社。
丁声俊［1984］「対我国糧食流通戦略転変的探討」（『農業経済問題』第7期　7月）（丁［2011: 82-89］に再録）。
丁声俊［2011］『守望糧食三十年』北京　中国農業出版社。
段応碧［1986］「糧食流通体制必須大改革」（『農業経済問題』第11期　11月）。
高小蒙［1990a］「談等価交換的糧食購銷"双軌制"」（李国都編［1990: 684-693］）。
高小蒙［1990b］「中国糧食購銷体制的現状与改革」（李国都編［1990: 899-914］）。
高小蒙［1990c］「1988年糧食購銷体制改革的啓示」（李国都編［1990: 1007-1014］）。
顧益康・邵峰［2002］「撩開"糧改"的迷霧——"糧改"還会"四渡赤水"嗎？」（『中国農村経済』第2期　2月　47-54、67頁）。
国家糧食局編［2002］『東北地区糧庫建設研究』北京　中国計画出版社。
国家糧食局課題組［2009］『糧食支持政策与促進国家糧食安全研究』北京　経済管理出版社。
国家統計局貿易物価統計司編［1984］『中国貿易物価統計資料1952-1983』北京　中国統計出版社。
国家統計局農村社会経済調査司編［2009］『改革開放三十年農業統計資料彙編』北京

中国統計出版社。
国家統計局農村社会経済調査総隊編［2000］『新中国五十農業統計資料』北京　中国統計出版社。
国務院農村発展研究中心国際聯絡部・農牧漁業部宣伝司編［1986］『中国農村経済社会統計資料』北京　国務院農村発展研究中心国際聯絡部・農牧漁業部宣伝司。
国務院研究室課題組編著［1996］『糧食地区平衡与省長負責制』北京　中国言実出版社。
何康［1986］「堅持深入改革、促進農業穏定協調発展」（『農業技術経済』第2期　3月）。
胡耀芳［2010］「対最低収購価糧和臨時存儲糧"出庫難"問題的思考」（『中国糧食経済』第5期　5月　22-23頁）。
紀才［1984］「怎様改進糧食補貼」（『財貿経済』第12期　12月）。
焦善偉［2009］「近年来糧食最低収購価変化情況及市場影響展望」（『中国糧食』第12期　12月）。
黎雨編［1998］『中国糧食流通体制改革指導全書』北京　中国大地出版社。
李国都編［1990］『発展研究』北京　北京師範学院出版社。
李京文編［1989］『中国交通運輸要覧』北京　経済科学出版社。
李平社・張峰［1994］「対全国糧食市場波動的評析和思考」（『農業経済問題』第5期　5月　15-17頁）。
劉笑然［1992］「建立糧食儲備調節体系　増強国家宏観調控能力」（『農業経済問題』第9期　9月　47-50頁）。
劉穎［2008］『基於国際糧荒背景下的中国糧食流通研究』北京　中国農業出版社。
劉允潜［1986］「談談発展糧食生産和流通問題」（『農業経済問題』第6期　6月）。
盧鋒［2004］『半周期改革現象』北京　北京大学出版社。
盧邁［1997］「実行"保量保価"的双軌性」（『改革』第3期　3月）。
聶振邦［2009］「聶振邦局長在全国糧食局長会議上的工作報告」（国家糧食局ホームページhttp://www.chinagrain.gov.cn/）。
聶振邦［2010］「聶振邦局長在全国糧食局長会議上的工作報告」（国家糧食局ホームページhttp://www.chinagrain.gov.cn/）。
聶振邦［2011］「聶振邦同志在全国糧食局長会議暨全国糧油系統先進集体和労働模範（先進工作者）表彰大会上的工作報告」（国家糧食局ホームページhttp://www.chinagrain.gov.cn/）。
聶振邦［2012］「穏定市場提升産業大力推動糧食行業科学発展（聶振邦局長在全国糧食局長会議上的工作報告）」（国家糧食局ホームページhttp://www.chinagrain.gov.cn/）。

聶振邦主編［2005］『糧食行政執法実用手冊（上）（下）』北京　中国農業出版社。
聶振邦主編［2008］『現代糧食流通産業発展戦略研究』北京　経済管理出版社。
聶振邦主編［2009］『中国糧食流通体制改革30年（1978～2008）』北京　経済管理出版社。
農業部赴安徽省蹲点調査組［1993］「従農業大省看農村政策的制定和執行」（『中国農村経済』第9期　9月　8-17頁）。
農業技術経済手冊編委会編［1984］『農業技術経済手冊（修訂本）』北京　農業出版社。
商業部商業経済研究所編著［1984］『新中国商業史稿』北京　中国財政経済出版社。
申守業［1987］「解決糧食価格問題的設想」（『財貿経済』第2期）。
宋洪遠等編著［2000］『改革以来中国農業和農村経済政策的演変』北京　中国経済出版社。
唐仁健［1993］「糧食走向市場的制度障碍及改革対策」（『農業経済問題』第11期　11月）。
唐正芒等［2009］『新中国糧食工作六十年』湘潭　湘潭大学出版社。
唐正芒主編［2011］『中国共産党与当代中国糧食工作紀事』湘潭　湘潭大学出版社。
天長県地方志編纂委員会編［1992］『天長県志』北京　社会科学文献出版社。
童宛生・雛向群編［1992］『中国改革全書（1978-1991）価格体制改革巻』大連　大連出版社。
王濱［2009］「関於加強県級糧食行政管理部門行政執法工作的研究」（『中国糧食経済』第8期　8月）。
王春林・孫自鐸［1991］「当前糧食供給面臨的問題与対策」（『中国農村経済』第9期　9月　35-39頁）。
王郁昭編［1993］『偉大的戦略措施—十一省（自治区）十三県（市）農業社会化服務体系調査研究』北京　北京農業大学出版社。
王志強・方玉鵬［1985］「関於保証糧食生産穏定増長的建議」（『農業経済問題』第9期　9月）。
呉碩［2003］「中国糧食流通体制改革的歴程」（『中国糧食市場発展報告2003』183-206頁）。
謝旭人主編［2008］『中国農村税費改革』北京　中国財政経済出版社。
謝揚［1993］「重構国家管理農業的組織形式—安徽省天長県農業社会化服務体系調査」（王郁昭編［1993: 415-474］）。
謝揚［1997］「九七話"糧改"」（『改革』第3期　3月）。
肖九祥編［1989］『糧食知識主冊』北京　中国経済出版社。
徐德俊・門高禹［1985］「実行糧食合同定購需解決的幾個問題」（『農業経済問題』第4期　4月）。

許宗仁［1981］「開展糧油議購議銷」（『中国百科年鑑1981』北京、中国大百科全書出版社、221-222頁）。

許宗仁［1982］「提高大豆収購価格」（『中国百科年鑑1982』北京、中国大百科全書出版社、291-292頁）。

許宗仁［1983］「食用油料収購政策的改革」（『中国百科年鑑1983』北京、中国大百科全書出版社、430～431頁）。

楊徳穎主編［1990］『商業大辞典』北京　中国財政経済出版社。

葉火星・何際平［1994］「糧価波動的啓示」（『商業経済研究』第8期　8月　35-37頁）。

葉興慶［1997］「新一輪糧価周期与政府的反周期政策」（『中国農村経済』第9期　9月）。

葉興慶［1999］「論糧食供求関係及其調節」（『経済研究』第8期　8月　64-69頁）。

葉興慶［2004］「新一輪糧改的突破及其局限性」（『中国農村経済』第10期　10月　11-14、19頁）。

余賢［1994］「糧食市場与宏観調控」（『中国農村経済』第7期　7月　3-4頁）。

袁永康［1994］『中国糧情：流通制度的変遷』北京　社会科学文献出版社。

曾麗瑛［2009］「曾麗瑛副局長在第十二届中国糧食論壇上的講話」（国家糧食局ホームページhttp://www.chinagrain.gov.cn/）。

張樹森・孫文博［1994］「糧価風波及其啓示」（『中国物価』第4期　4月　19-21頁）。

中共中央政策研究室・農業部農村固定観察点辦公室編［2001］『全国農村社会経済典型調査数拠彙編（1986-1999年）』北京　中国農業出版社。

中共中央政策研究室・農業部農村固定観察点辦公室編［2010］『全国農村固定観察点調査数拠彙編（2000-2009年）』北京　中国農業出版社。

中国糧食経済学会・中国糧食行業協会編著［2009］『中国糧食改革開放三十年』北京　中国財政経済出版社。

中国鄭州糧食批発市場［2009］「2008年中国糧油市場分析報告」（中国鄭州糧食批発市場ホームページhttp://www.czgm.com/）。

中国鄭州糧食批発市場［2010］「2009年中国糧油市場分析報告」（中国鄭州糧食批発市場ホームページhttp://www.czgm.com/）。

中国鄭州糧食批発市場［2011］「2010年中国糧油市場分析報告」（中国鄭州糧食批発市場ホームページhttp://www.czgm.com/）。

中国鄭州糧食批発市場［2012］「2011年中国糧油市場分析報告」（中国鄭州糧食批発市場ホームページhttp://www.czgm.com/）。

中国鄭州糧食批発市場編［出版年不詳］『中国鄭州糧食批発市場彙覧』鄭州　中国鄭州糧食批発市場。

参考文献

中華人民共和国農業部編［2009］『新中国農業60年統計資料』北京　中国農業出版社。
中華人民共和国農業部計画司編［1989］『中国農村経済統計大全（1949-1986）』北京　農業出版社。
中央党校国辦分校第27期進修班赴江蘇調研小組［1997］「進一歩推進糧食流通体制改革」（『中国農村経済』第2期　2月）。
朱志剛［2008］『我国糧食安全与財政問題研究』北京　経済科学出版社。

〈中国語逐次刊行物〉

安徽省統計局編［1989～1993］『安徽統計年鑑1989～1993』北京　中国統計出版社。
広東年鑑編纂委員会編［1989］『広東年鑑1989』広州　広東人民出版社。
国家発展和改革委員会価格司編［2004～2011］『全国農産品成本収益資料彙編2004～2011』北京　中国統計出版社。
国家糧食局編［2006～2011］『中国糧食年鑑2006～2011』北京　経済管理出版社。
国家統計局編［1982］『中国統計年鑑1981』北京　中国統計出版社。
国家統計局編［1983～2000］『中国統計年鑑1983～2000』北京　中国統計出版社。
国家統計局編［2012］『中国統計摘要2012』北京　中国統計出版社。
国家統計局国民経済綜合統計司編［2005］『新中国五十五年統計資料彙編』北京　中国統計出版社。
国家統計局農村社会経済調査司編［2005～2011］『中国農村統計年鑑2005～2011』北京　中国統計出版社。
国家統計局農村社会経済調査司編［2005～2010］『中国農村住戸調査年鑑2005～2010』北京　中国統計出版社。
国家統計局農村社会経済調査総隊編［1987a、1987b～2004］『中国農村統計年鑑1986～2004』北京　中国統計出版社。
国家統計局農村社会経済調査総隊編［2000～2004］『中国農村住戸調査年鑑2000～2004』北京　中国統計出版社。
国家統計局農業統計司編［1986］『中国農村統計年鑑1985』北京　中国統計出版社。
李経謀主編［2003～2011］『中国糧食市場発展報告2003～2011』北京　中国財政経済出版社。
聶振邦主編［2004～2011］『中国糧食発展報告2004～2011』北京　経済管理出版社。
行政院農業委員会編［2008］『糧食供需年報2007』台北　行政院農業委員会。
中国国内貿易年鑑社編［1994～2002］『中国国内貿易年鑑1994～2002』北京　中国国内貿易年鑑社。
中国農業年鑑編輯委員会編［1981～1984a、1984b～1993］『中国農業年鑑1980～1993』北京　農業出版社。

中国農業年鑑編輯委員会編［1994〜2009］『中国農業年鑑1994〜2009』北京　中国農業出版社。
中国農業年鑑編輯委員会編［2011］『中国農業年鑑2010』北京　中国農業出版社。
中国商業年鑑編輯部編［1988］『中国商業年鑑1988』北京　中国商業出版社。
中国商業年鑑社編［1989〜1993］『中国商業年鑑1989〜1993』北京　中国商業年鑑社。
中国商業年鑑社編［2003〜2005］『中国商業年鑑2003〜2005』北京　中国商業年鑑社。
中国物価年鑑編輯部編［1994］『中国物価年鑑1994』北京　中国物価出版社。
中華人民共和国国家統計局編［2001〜2011］『中国統計年鑑2001〜2011』北京　中国統計出版社。
中華人民共和国農牧漁業部編［1987］『中国農牧漁業統計資料1986』北京　農業出版社。
中華人民共和国農業部編［1988〜2011］『中国農業統計資料1987〜2010』北京　中国農業出版社。
中華人民共和国農業部編［1995〜2011］『中国農業発展報告1995〜2011』北京　中国農業出版社。

＊逐次刊行物については、同一の編者（たとえば国家統計局や農業部）により複数の逐次刊行物が刊行されていることや、刊行年と刊行物の年次が一致する場合も一致しない場合もあることなどから、引用する際には『逐次刊行物名＋年号』（たとえば『中国統計年鑑2011』、『中国農業統計資料2010』）という表記方法をとる。

〈中国法規、政府決定・通知等〉

財政部［2004］「実行対種糧農民直接補貼調整糧食風険基金使用範囲的実施意見」（聶主編［2005: 677-682］）。
財政部・国家発展和改革委員会・農業部・国家糧食局・中国農業発展銀行［2005］「関於進一歩改善対種糧農民直接補貼政策的意見」（聶主編［2005: 398-401］）。
広東省人民政府［1992］「関於改革糧食購銷管理体制問題的通知」（『広東政報』第3期　3月　15-16頁）。
国家発展和改革委員会・財政部［2004］「中央儲備糧代儲資格認定辦法」（聶振邦主編［2005: 508-514］）。
国家糧食局［2001］「関於発展糧食訂単収購推進糧食産業化経営的意見（国家発展和改革委員会ホームページ http://www.sdpc.gov.cn/zcfb/zcfbqt/qt2003/t20050614_27482.htm）。
国家糧食局［2004］「中央儲備糧代儲資格認定辦法実施細則」（聶振邦主編［2005: 515

-558])。

国務院［1990］「関於加強糧食購銷工作的決定」（『中華人民共和国国務院公報』第15号　553-557頁）。

国務院［1992］「関於提高糧食統銷価格的決定」（『中華人民共和国国務院公報』第7号　197-200頁）。

国務院［1993a］「関於加快糧食流通体制改革的通知」（『中華人民共和国国務院公報』第3号　90-94頁）。

国務院［1993b］「関於改進糧棉"三挂鈎"兌現辦法的通知」（『中華人民共和国国務院公報』第3号　101-102頁）。

国務院［1993c］「関於建立糧食収購保護価格制度的通知」（『中華人民共和国国務院公報』第3号　103-104頁）。

国務院［1994］「関於深化糧食購銷体制改革的通知」（法律教育網http://www.chinalawedu.com/falvfagui/fg22016/11974.shtml）。

国務院［1997］「関於按保護価敞開収購議購糧的通知」（『中華人民共和国国務院公報』第28号）。

国務院［1999］「関於進一歩完善糧食流通体制改革政策措施的通知」（『中国農業年鑑2000』533-534頁）。

国務院［2000］「関於進一歩完善糧食生産和流通有関政策措施的通知」（『中国農業年鑑2001』525-527頁）。

国務院［2001］「関於進一歩深化糧食流通体制改革的意見」（『中国農業年鑑2002』375-379頁）。

国務院［2003］「中央儲備糧管理条例」（聶振邦主編［2005: 495-507]）。

国務院［2004a］「関於進一歩深化糧食流通体制改革的意見」（『中国農業年鑑2005』419-421頁）。

国務院［2004b］「糧食流通管理条例」（聶振邦主編［2005: 402-411]）。

国務院［2006］「関於完善糧食流通体制改革政策措施的意見」（『中国農業年鑑2007』399-402頁）。

国務院辦公室・中共中央宣伝部［1992］「提高糧食流通統銷価格的宣伝提綱」（『中華人民共和国国務院公報』第7号　201-205頁）。

国務院辦公庁［1994］「関於加強糧食市場管理保持市場穏定的通知」（『中華人民共和国国務院公報』第15号　639-640頁）。

国務院辦公庁［2000］「関於部分糧食品種退出保護価収購範囲有関問題的通知」（中華人民共和国中央人民政府ホームページhttp://www.gov.cn/gongbao/content/2000/content_60661.htm）。

農業部［1999］「関於当前調整農業生産結構的若干意見」（『中国農業年鑑2000』541-

544頁)。

商業部・農業部・財政部・国家経済体制改革委員会・国務院発展研究中心・国家工商行政管理局・国家物価局・国家税務局［1990］「関於試辦鄭州糧食批発市場的報告」(『中華人民共和国国務院公報』第17期　660-661頁)。

事項索引

か行

価格安定政策　　iv, 166, 173, 194
価格支持政策　　iv, 141, 146-147, 166, 174, 178, 194
各戸請負制　　3, 19, 37, 40, 83
緩衝在庫　　5, 60, 153, 194, 196
間接統制（間接コントロール）　　iii, iv, 5, 7-9, 73-77, 80, 98, 101, 120, 125-126, 130-131, 142-145, 157, 163, 172, 192, 194-197,
「議転平」　　36-37, 67-68, 71, 80, 87, 109
義務供出制度（義務供出制）　　7, 75, 78-79, 106
協議買付協議販売　　35, 37, 66, 74
供銷合作社　　39, 44-45, 98-99, 101, 124
契約買付制度　　ii, 7, 33, 43-48, 51, 53-56, 58, 60-61, 65, 71, 75, 78, 80, 162, 192
「合同定購」　　43-44, 65
国営食糧企業　　iii, 7-8, 75, 79-81, 85-86, 89, 93-96, 98-101, 105
国営食糧部門　　8, 38-42, 45, 47-48, 54, 57, 61, 66-68, 70-74, 80, 85, 98, 159
「国進民退」　　197
国家委託代理買付　　64, 66-68, 87
国家食糧備蓄局　　37, 74, 76, 91, 116, 119-120, 123, 143, 154
国家特別備蓄　　104, 110, 112, 114, 128, 153, 154
「国家定購」　　65
国家糧食局　　3, 20, 37, 148, 154-155, 157, 167, 171, 175, 201-202, 204-206
国有食糧買付保管企業　　117, 122-128, 130
国有食糧企業　　iv, 8, 20, 104-110, 112-115, 117-120, 122, 124-132, 134-135, 137-138, 141-143, 146-149, 153, 155, 158, 161, 163, 165, 170, 172-176, 182-183, 185-189, 193, 196
国家食糧取引センター　　157

さ行

財政補填　　36, 42, 61, 71-73, 89, 96, 150, 159

最低買付価格　　iv, 3, 5-6, 8-9, 120, 130, 153-154, 156, 158-159, 162-168, 170, 172-178, 180, 194-196

最高限度価格　　79-80, 192

サプライチェーン　　8, 189, 193, 196-197

「三結合」　　64, 79, 95-96, 106

市場化改革　　iii, 3, 7-8, 54, 60, 76, 78, 131-132, 138, 141, 143, 159-160, 162-163, 191, 194-195

朱志剛　　146, 205

朱鎔基　　112, 115-118, 124, 127-129, 131, 193

「順ざや」　　118, 123, 125-128, 131-132, 141-143, 147, 158, 193

消費者保護　　iii, 4, 9, 67-68, 73, 120, 138, 140, 192-193, 195

食糧卸売市場　　74-76, 79, 103, 107, 120, 157, 192

食糧買付自由化　　107, 157, 159-160

食糧買付条例　　116-118, 122-123, 165

食糧加工企業　　157, 161, 170-171, 182, 185, 187-189

食糧過剰　　iii, 29, 41, 68, 70, 126, 130, 191

食糧管理財政　　42, 58, 61, 63, 71, 73, 130

食糧在庫　　20, 41, 71, 80, 91, 138, 158

食糧主産地　　8, 29-31, 52, 64, 69, 73, 81, 83, 86, 92-93, 104, 110, 150-153, 159-160, 162-163, 193

食糧主要消費地　　29-30, 159-160

食糧省長責任制　　113, 118-119, 195

食糧ステーション（「糧站」）　　45

食糧生産費　　175-177, 179

食糧直接補助金　　148-153, 163, 194

食糧特別備蓄制度　　72-73, 75-76, 110, 126, 142

食糧配給券　　77, 108

食糧リスク基金　　80-81, 98, 106, 111-113, 117, 119-120, 123, 134, 147-152, 156, 159, 161, 194

食糧流通管理条例　　165, 171

所得格差　　5, 71, 73, 180-181

人民公社　　12, 34, 46
垂直管理　　143
「政企分開」　　80, 92, 105
生産者保護　　iii, 4-5, 9, 120, 138, 140, 193, 195
政府の代理人　　7, 68, 80-81, 101

た行

「退耕還林」　　135
「第二契約買付」　　67
代理保管　　155-157, 161, 174, 188
WTO　　129, 131, 147, 199
「地域封鎖」　　104-105, 114
地方備蓄食糧　　158, 160, 172
中央直属企業　　182, 185
中央備蓄食糧　　37, 119-120, 123, 134, 154-156, 159, 161, 164, 166, 172, 174-175, 188, 196
中央備蓄食糧管理条例　　155, 164
中国華糧物流集団　　156, 182
中国共産党第16回大会（第16回党大会）　　6, 150
中国農業発展銀行　　122-123, 142, 147-148, 156, 206
中国備蓄食糧管理総公司　　20, 153-158, 161, 164-165, 170, 172, 174, 182, 185, 188, 194, 196-198
中穀糧油集団　　156, 182
中糧集団　　156, 182
超過買付　　34-38, 42, 47-50, 56-57, 61, 64, 66, 87
「徴購」　　34-38
直接支払い　　iv, 6, 8, 130, 145, 194
直接統制（直接コントロール）　　iii, 3-5, 7-9, 61, 66, 73-76, 78-80, 86, 96-97, 117, 125-126, 129, 131-132, 141-144, 165, 191, 193
直属備蓄食糧倉庫　　143, 154-157, 174, 182, 197
統一買付統一販売　　ii, 33-34, 52, 142

な行

仲買人　　　75, 100, 124, 157, 170-171, 173, 184, 188-189, 196
農業生産資材総合直接補助金　　　150-152, 194
農村税費改革　　　147-148, 150, 203
農業機械購入補助金　　　150-152
農業税　　　33-35, 38, 124, 147-150, 152

は行

配給制度（配給制）　　　4, 7, 61, 63, 66-67, 69, 75-79, 106, 139-142, 191-193, 195
複線型流通システム　　　ii, iii, 7, 8, 63, 65-66, 68-69, 73, 75-76, 86, 93, 95, 103, 107, 138, 140, 191-193,
分税制　　　6, 195-196
保護価格買付　　　iii, iv, 7-8, 68, 70-73, 75, 87, 89-93, 97-98, 101, 103, 106, 110-115, 117, 119, 124, 126, 128, 130-131, 133-135, 137-138, 140-143, 145-149, 153, 160-163, 165, 174, 176, 182, 193-195
「保量放価」　　　79, 106

ま行

「三つの政策と一つの改革」　　　117-118, 127, 131, 137
「三つの補助金」　　　150-152
民間食糧企業　　　iv, 99, 182, 188-189

や行

優良品種補助金　　　150-151
「四つの分離と一つの完全化」　　　117, 119, 127
「四つの補助金」　　　150-152

ら行

臨時買付保管　　　26, 156, 158-159, 165-168, 170, 172, 174-175, 194

図表索引

第1章
表1-1　食糧流通システムに関連する諸要素 …………………………………… 9

第2章
図2-1　建国後の食糧生産動向 …………………………………………………… 12
図2-2　「改革開放」後の食糧生産動向 ………………………………………… 13
図2-3　米麦と食肉の1人当たり供給量 ………………………………………… 17
図2-4　水稲高収量品種作付面積と水稲単位収量 ……………………………… 18
図2-5　米（精米）の期末在庫量と期末在庫率 ………………………………… 22
図2-6　小麦の期末在庫量と期末在庫率 ………………………………………… 22
図2-7　トウモロコシの期末在庫量と期末在庫率 ……………………………… 23
図2-8　大豆の期末在庫量と期末在庫率 ………………………………………… 23
表2-1　「改革開放」後の品目別食糧生産量 …………………………………… 14
表2-2　1人当たり食料供給量 …………………………………………………… 16
表2-3　穀物の増産要因 …………………………………………………………… 17
表2-4　穀物の需給バランス ……………………………………………………… 21
表2-5　大豆の需給バランス ……………………………………………………… 24
表2-6　穀物と大豆の地域別生産量 ……………………………………………… 28
表2-7　主産地および主要消費地の食糧生産動向 ……………………………… 30

第3章
図3-1　食糧の政府買付販売価格と市場価格 …………………………………… 50
図3-2　農家の食糧供給行動 ……………………………………………………… 51
図3-3　農作物の作付面積 ………………………………………………………… 59
表3-1　食糧の統一買付価格の引き上げ ………………………………………… 35

表3-2	食糧の統一買付価格指数と平均買付価格指数	36
表3-3	食糧「徴購」基数とその達成率	36
表3-4	食糧政府買付の内訳(1978〜1984年)	38
表3-5	商品食糧に占める政府買付の割合	39
表3-6	政府の食糧収支(1978〜1986年)	41
表3-7	国営食糧部門に対する財政補填(1977〜1986年)	42
表3-8	農産物買付に占める政府買付の割合	45
表3-9	食糧の政府買付販売価格と市場価格	49
表3-10	農産物買付価格指数の上昇率	59

第4章

図4-1	食糧自由市場価格指数(1978年=100)	69
表4-1	国営食糧部門の食糧買付の内訳(1985〜1993年)	68
表4-2	国営食糧部門の食糧(三大穀物)収支(1987〜1993年)	70
表4-3	国営食糧部門に対する財政補填(1987〜1995年)	72
表4-4	食糧財政補填の中央・地方負担(1988〜1990年)	72
表4-5	米の配給価格と自由市場価格	78

第5章

図5-1	天長県の食糧生産および農家食糧販売	84
図5-2	天長県の水稲買付価格	90
図5-3	天長県の小麦買付価格	91
表5-1	農作物作付構成(1992年)	84
表5-2	食糧商品化率	85
表5-3	天長県および安徽省の食糧流通概況	85
表5-4	天長県の食糧商品化量と食糧部門の買付量	86
表5-5	天長県食糧部門の食糧買付の内訳	87
表5-6	小麦粉自由市場価格の地域間格差(1993年7月)	87
表5-7	国営食糧企業の損益	89
表5-8	天長県の業態別食糧買付量(1992年)	99

索　引

第6章

図6-1	食糧自由市場価格（全国35大中都市平均）の動向	111
図6-2	小麦の名目買付価格	136
図6-3	トウモロコシの名目買付価格	137
図6-4	小麦の実質買付価格指数（1985年契約買付価格＝100）	139
図6-5	トウモロコシの実質買付価格指数（1985年契約買付価格＝100）	140
表6-1	国有食糧企業の食糧買付の内訳（1993〜1998年）	109
表6-2	国有食糧企業の損益（1986〜2001年）	114
表6-3	国有食糧企業の食糧（三大穀物）収支（1994〜2002年）	129
表6-4	国有食糧企業の保護価格買付（1998〜2003年）	135

第7章

図7-1	インディカ早稲の主産地農家販売価格と政策価格	168
図7-2	ジャポニカ稲の主産地農家販売価格と政策価格	169
図7-3	小麦の主産地農家販売価格と政策価格	170
図7-4	トウモロコシの農家販売価格と政策価格	171
図7-5	農家1人当たり所得の動向	180
図7-6	都市世帯と農家世帯との所得格差	181
表7-1	四つの補助金	151
表7-2	食糧最低買付価格と買付実績	167
表7-3	国有食糧企業の品目別食糧買付量（2006〜2010年）	173
表7-4	食糧商品化量と国有企業買付量	176
表7-5	主産地の食糧生産費と利潤（2004〜2011年）	177
表7-6	食糧生産費の内訳と1ムー当たり所得（2004〜2010年）	179
表7-7	国有食糧企業数と職員数（1998〜2010年）	183
表7-8	レベル別の国有食糧企業数および職員数（2006〜2010年）	183
表7-9	レベル別の私有食糧企業数および職員数（2006〜2010年）	184
表7-10	県以下の食糧企業の所有制別内訳（2006〜2010年）	184
表7-11	国有食糧企業の損益（2006〜2010年）	186
表7-12	食糧加工企業数および年間加工能力（2006〜2010年）	187

著者紹介

池上　彰英（いけがみ　あきひで）
　1957 年　愛知県に生まれる
　1980 年　東北大学農学部卒業
　1983 年　東北大学大学院農学研究科博士前期課程修了
　　　　　農林水産省農業総合研究所、同国際農林水産業研究センター、明治大学農学部助教授を経て、2010 年明治大学農学部教授
現　在　明治大学農学部教授、明治大学大学院農学研究科長、博士（農学）

主　著　『食料環境政策学を学ぶ』（共著）、日本経済評論社、2011 年
　　　　『中国農村改革と農業産業化』（共編著）、アジア経済研究所、2009 年
　　　　『構造調整下の中国農村経済』（共著）、東京大学出版会、2005 年
　　　　『中国農村経済と社会の変動』（共著）、御茶の水書房、2002 年

中国の食糧流通システム　　　明治大学社会科学研究所叢書
2012 年 6 月 25 日　第 1 版第 1 刷発行

　　　　　著　者　池上　彰英
　　　　　発行者　橋本　盛作
　　　　　発行所　株式会社　御茶の水書房
　　　　　〒113-0033　東京都文京区本郷5-30-20
　　　　　　　　　　電話　03-5684-0751

©IKEGAMI Akihide 2012
Printed in Japan

印刷・製本／（株）シナノ

ISBN978-4-275-00986-9　C3033

中国農村経済と社会の変動	中兼和津次 編著	A5判・三五六頁 価格 六五〇〇円
中国農業の構造と変動	田島俊雄 著	A5判・四二二頁 価格 七四〇〇円
中国セメント産業の発展	田島俊雄・朱蔭貴・加島潤 編著	A5判・三五四頁 価格 六八〇〇円
中国農村の権力構造	田原史起 著	A5判・三三〇頁 価格 五〇〇〇円
近代中国における農家経営と土地所有	朴紅・坂下明彦 著	A5判・三七〇頁 価格 六六〇〇円
中国東北における家族経営の再生と農村組織化	柳澤和也 著	A5判・二八四頁 価格 四八〇〇円
中国食糧貿易の展開条件	王楽平 著	A5判・三三〇頁 価格 六五〇〇円
中国に継承された「満洲国」の産業	峰毅 著	A5判・二八四頁 価格 五六〇〇円
中国国有企業の金融構造	王京濱 著	A5判・二六〇頁 価格 五二〇〇円
近代台湾の電力産業	湊照宏 著	A5判・二五四頁 価格 五六〇〇円
台湾造船公司の研究	洪紹洋 著	A5判・三〇〇頁 価格 八〇〇〇円
中国の森林再生	吉川成美・関良基・向虎 著	A5判・二七八頁 価格 三三〇〇円

御茶の水書房
（価格は消費税抜き）